环境艺术设计

新概念中国高等职业技术学院艺术设计规范教材

顾问 林家阳

景观设计·居住小区

中国美术学院推荐教材

胡 佳 邱海平 著

THE FIRST CHAPTER
CURRICULUM SUMMARY

THE SECOND CHAPTER
TEACHING PROCESS

THE THIRD CHAPTER
PROJECT EXTENSION

THE FOURTH CHAPTER
CASE ANALYSIS

浙江人民美术出

序言

早在2006年11月16日，国家教育部为了进一步落实《国务院关于大力发展职业教育的决定》指示精神，发布了《关于全面提高高等职业教育教学质量的若干意见》的16号文件，其核心内容涉及到了提高职业教育质量的重要性和紧迫性；强化职业道德，明确培养目标；以就业为导向，服务区域经济；大力推行工学结合，突出实践能力培养；校企合作，加强实训；加强课程建设的改革力度，增强学生的职业技术能力等等。文件所涉及到的问题既是高职教育存在的不足，也是今后高职教育发展的方向，为我们如何提高教学质量、做好教材建设提供了理论依据。

2009年6月，温家宝总理在国家科教领导小组会议上作了“百年大计，教育为本”的主题性讲话。他在报告中指出：国家要把职业教育放在重要的位置上，职业教育的根本目的是让人学会技能和本领，从而能够就业，能够生存，能够为社会服务。

德国人用设计和制造振兴了一个国家的经济；法国人和意大利人用时尚设计观念塑造了创新型国家的形象；日本人和韩国人也用他们的设计智慧实现了文化创意振兴国家经济的夙愿。同样，设计对于中国的国民经济发展也将起着非常重要的作用，只有重视设计，我们产品的自身价值才能得以提高，才能实现从“中国制造”到“中国创造”的根本性改变。

高职教育质量的优劣会直接影响国家基础产业的发展。在我国1200多所高职高专院校中，就有700余所开设了艺术设计类专业，它已成为继电子信息类、制造类后的大类型专业之一。可见其数量将会对全国市场的辐射起到非常重要的作用，但这些专业普遍都是近十年内创办的，办学历史短，严重缺乏教学经验，在教学理念、专业建设、课程设置、教材建设和师资队伍建设等方面都存在着很多明显的问题。这次出版的《新概念中国高等职业技术学院艺术设计规范教材》正是为了解决这些问题，弥补存在的不足。本系列教材由设计理论、设计基础、专业课程三大部分的六项内容组成，浙江人民美术出版社特别注重教材设计的特点：在内容方面，强调在应用型教学的基础上，用创造性教学的观念统领教材编写的全过程，并注意做到章、节、点各层次的可操作性和可执行性，淡化传统美术院校所讲究的“美术技能功底”，并建立了一个艺术类专业学生和非艺术类专业学生教学的共享平台，使教材在更大层面上得以应用和推广。

以下设计原则构成了本教材的三大特色：

1．整体的原则——将理论基础、专业基础、专业课程统一到为市场培养有用的设计人才目标上来。理论将是对实践的总结；专业基础不仅为专业服务，同时也是为社会需求服务；专业课程应讲究时效作用而不是虚拟。教材内容还要讲究整体性、完整性和全面性。

2．时效的原则——分析时代背景下的人文观和技术发展观。时代在发展，人们的生活观、欣赏观、消费观发生了很大的变化，因此要求我们未来的设计师应站在市场的角度进行观察，同时也在一个新的时间点上进行思考；21世纪是数字媒体时代，设计企业对高等职业设计人才的知识结构和技术含量提出了新的要求。编写教材时要用新观念拓展新教材，用市场的观念引导今天的高职艺术设计学生。

3．能用的原则——重视工学结合，理论与实践结合，将知识融入课程，将课题与实际需求相结合，让学生在实训中积累知识。因此，要求每一本教材的编写老师首先是一个职业操作能手，同时他们又具备相当的专业理论水平。

为了确保本教材的权威性，浙江人民美术出版社组织了一批具有影响力的专家、教授、一线设计师和有实践经验的教师作为本系列教材的顾问和编写人员。我相信，以他们所具备的教学能力、对中国艺术设计教育的热爱和社会责任感，他们所编写的《新概念中国高等职业技术学院艺术设计规范教材》的出版将使我们实现对21世纪的中国高等职业教育的改革愿望。

林家阳

2009年11月于上海

目录
CATALOG

第三章 项目详解

第四章 案例赏析

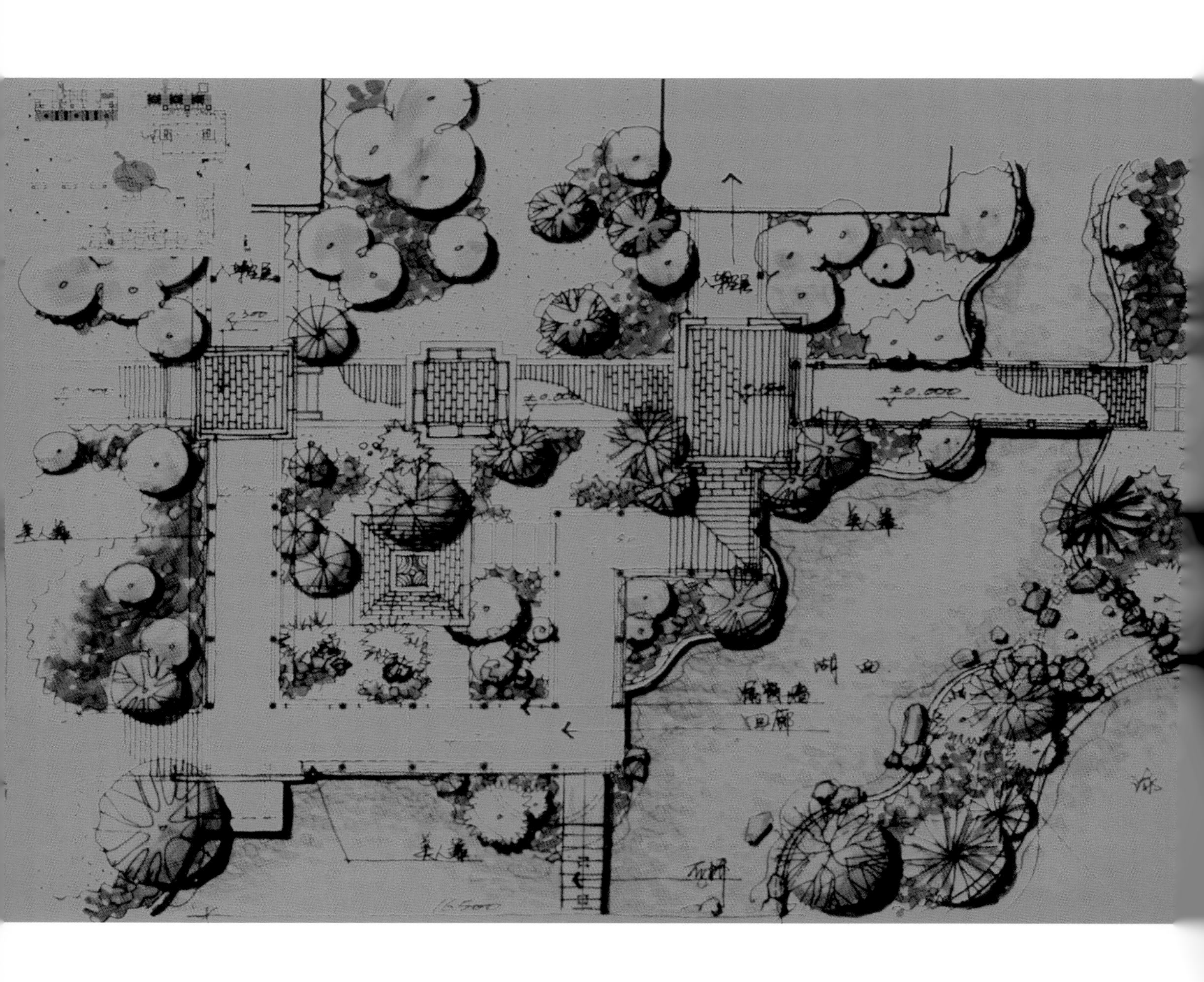

第一章 Chapter 1

课程概述

CURRICULUM SUMMARY

第一章 课程概述

一、培养目标

伴随着人类对居住环境质量要求的提高，居住小区设计越来越受到人们的重视。景观设计居住小区课程具有较强专业性和普遍性，是高职学院环境艺术设计专业学生的必修课程，该课程在整个景观设计教学体系中担当着重要的角色。通过学习必要的和基本的小区景观设计专业知识与技能，可充实和巩固环境设计专业中其他课程的知识。

通过课程各阶段的学习，学生会不断获得基本的知识技能，树立起从微观环境到宏观意识的思考。从最初空间概念的建立，到掌握小区景观设计的一般步骤和基本方法，了解园林种植和园

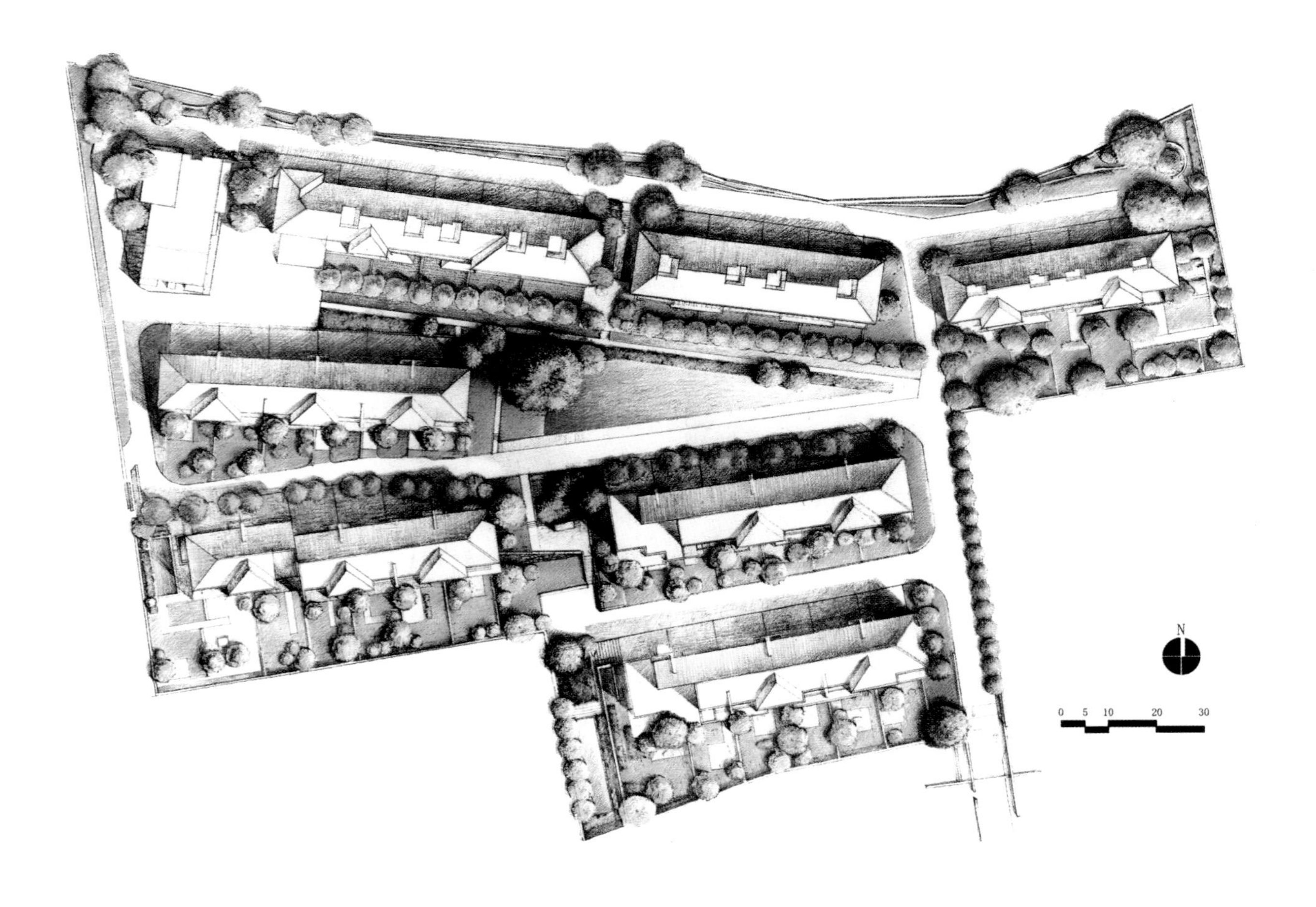

林工程知识，学会有效地组织包括园林山水、硬质景观、景观建筑物以及绿化在内的各种景观要素，协调小区景观环境与自然、社会、文化之间的有机关系，从而树立起人类与环境紧密结合的整体生态意识。该课程融科学性、创造性、艺术性、文化性于一体，通过理性思维和艺术表达相结合的训练方式，全面培养学生的综合能力，使形象思维和科学思维得到和谐发展，智力、创新、动手等能力不断提高，同时也使学生在今后的景观专业知识学习中变得更加主动、更富创造性。

二、教学模式

居住小区景观设计课程不仅专业性较强，而且具有很强的时代特征。在课程内容的选择和组织上，从学生的实际出发，注重创造学习专业知识的场景，培养丰富的想象力和概括力，强调小区景观设计学习是一个能动的过程。通过给学生提供对日常生活、周边环境的自主探究机会，改变原先的机械模仿式学习，激发创新欲与求知欲，使学生在探究过程中体验学习专业的乐趣。强调学生个性的发挥，从对自然、文化、情感的理解上反映出设计者不同的生活态度。

结合小区景观设计课程大纲要求，按照知识学习的特点，围绕学生实践能力，课程教学设置了从课堂到模拟社会多种场景，在每个场景的学习过程中，注重学生形象思维和科学思维的协调发展，课程设计各有侧重，教师在其中主要起到引导的作用。

教学场景一：课堂形式——人类居住环境理论基本知识学习

该阶段通过宏观生态环境和微观居住环境（历史人类居住环

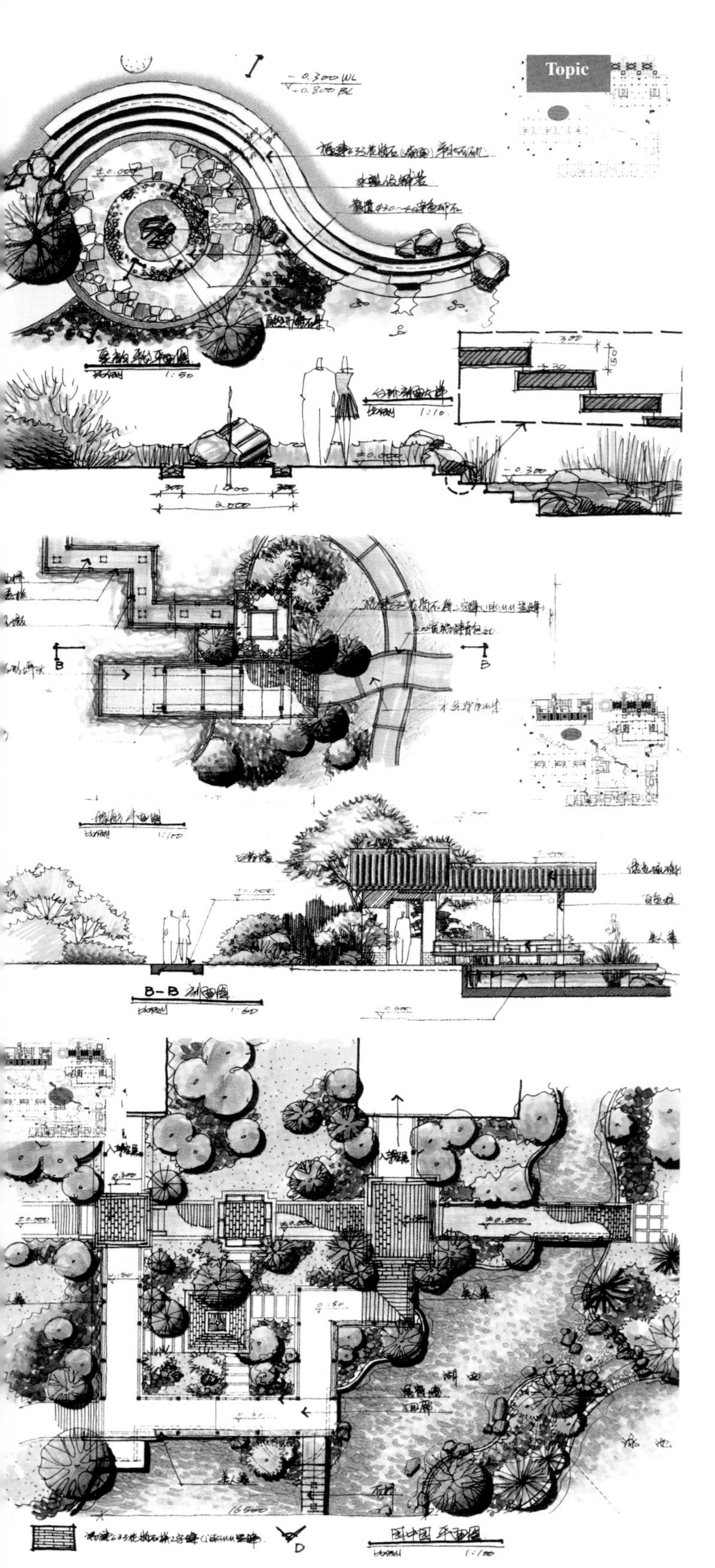

境、现状人类居住环境）这两条线索，对一些优秀设计案例进行赏析。高质量的图片资料不仅在感官上给学生带来一种新鲜感，激发其学习兴趣，同时也能使他们从总体上建立起对居住环境问题的认知以及更深层次的思考。该阶段学习以教师讲授为主，学生可以通过欣赏、讨论来增进学习气氛，提高对景观基本知识掌握的程度。

教学场景二：模拟社会形式——小区景观设计理论知识学习

该阶段学习以教师讲授为主，通过有针对性的教学活动，讲解居住小区景观设计的原则、方法以及程序规律等，从基础概念到小区景观的各项要素组成设计，逐步完善学生对居住环境的整体性思考过程。同时选择一至两个优秀案例，从立意、草图区块、深化节点到最后的表现，教师详细分析，必要时作示范；并针对在实际操作中，项目从方案到施工的一般程序以及设计师在其中的工作，解答学生提问。学生不出课堂就能够捕捉到社会的气息，不仅有利于他们对今后专业知识的学习，也能为自己今后从业的方向和目标作出正确的选择。

教学场景三：户外形式——社会调查学习

该阶段活动以学生为主，通过对所在地的现有住宅小区进行考察研究，加深学生对居住环境理论的感性认识。学习期间，教师适当加以引导，学生通过调研、研究、分析各小区环境的利弊，并通过调查报告和小组讨论的形式，探究小区环境空间造境手法，得出自己的一些看法和观点，为下一阶段的具体设计作好铺垫。

教学场景四：工作小组形式——小区景观命题设计学习

该阶段活动以学生的设计实践活动为主，教师分步骤分阶段确定任务、目标，回答解决设计过程中的问题，因势利导。学生以工作小组的形式，通过真实的命题设计实践，不仅可以将前面所学知识融入时代精神，符合社会需要，并能注重知识的连贯性，做到活学活用，学生在掌握了小区景观设计的基本要求后能够延伸对更深层次的思考。该阶段的学习在培养学生的想象力、创造力以及表现能力的同时也可以培养学生有交流合作的团队精神。

在小区景观设计课程的整个场景教学过程中，学生始终是以学习为主，在教师循序渐进的引导下，学生对小区景观设计的认知由浅入深，并能进入到自主探究式学习的状态。

三、教学重点与难点

小区是我们对现代集合住宅的习惯称谓，随着现代住宅条件的发展，出现了许多规模庞大的居住区，对环境质量和其他配套设施要求非常之高。小区景观教学应该从宏观角度紧随当代景观发展的趋势，以创造舒适的、健康的、安全的、可持续的、注重文化内涵的高品质居住环境为目标，并逐渐引导学生具备关注人与自然环境问题的思想，教学过程中应注重有的放矢。

小区景观设计课程专业性较强，且具有时代特征。该课程所学内容与规划、建筑、景观、园林等相关专业联系紧密，同时需要具备较高的文学、美学修养和其他方方面面的知识，涉及领域广泛。在课程教学上应注重理论与实际相结合，图片与文字并重来说明问题。学生在掌握了基本的功能结构后应当注重对空间总体的把握和意境的创造，这一点相对具有一定的难度。作为教师，应当适当引导，善于发现学生思维过程中的亮点，帮助他们

确立概念，并强调学生个性的发挥，强调通过对自然、文化、情感的理解，以设计来反映出对生活的态度。

四、课程设置与课时分配

（一）课程设置

课程设置安排了两个阶段，即：基本居住理论讲授阶段和小区景观规划设计阶段。

1. 教学阶段一：基本居住理论讲授阶段（人类居住环境理论基本知识学习）

教学活动：教师讲授当代人类面临的生态问题及生存环境的现状，提出景观设计师的责任和要求，如何改善人类生存居住环境等问题。学生基本形成对居住环境景观的初步认识，学会欣赏各类环境景观建筑，体会环境空间的创造与表达。

（1）当代人类生存环境问题。

讲解：结合图片资料讲授如：生态环境、水资源、森林绿化、城市建设以及其他人类活动对自然的影响，人与环境之间关系的问题，也可以与古代人类活动比较来说明问题。

（2）人类居住环境问题的思考。

讲解：人类历史至今所经历的一些具有代表性居住生活方式和特点，如：窑洞式、干栏式、碉房式、里弄和庭院等，以及这些形式与自然环境的关系；当代人类居住环境的特征，如我们正在失去绿化、割裂与环境沟通的处境等。可结合图片说明包括国外几个世纪以来的城市化建设的过程以及现代建筑对人类生存环境的影响。

（3）居住环境之园林景观与建筑的关系。

讲解：我国古代讲究“天人合一”，讲究人与自然环境的和谐统一。我国古代园林的发展特征和其中的精神特点在小区景观设计思想和设计手法中的体现。

2．教学阶段二：小区景观规划设计阶段

（1）小区环境设计理论知识讲授。

教学活动：教师从基础概念到分项讲授小区景观的各要素组成及其设计原则、方法以及程序规律等。学生复习总结以上两个阶段的学习内容，体会小区环境空间造境手法。

①基本概念。

讲解：主要讲授居住区规划规范的一些内容，包括等级、用地构成、总体设计原则等。

②小区环境组成之各要素及其设计原则。

讲解：主要包括绿化、道路和铺装、景观山水、景观建筑以及设施照明等的特点及相关要求。

③小区环境设计的方法、程序。

讲解：从立意、草图区块、深化节点以及到最后的表现，必要时做示范；同时讲解从方案到施工的一般程序以及设计师在其中的工作要点。

（2）社会调查阶段。

教学活动：教师讲授小区环境考察的重要性、考察内容和注意事项。学生实地考察小区环境（如高档小区），分析各小区环境设计的利弊，整理调查报告，以图文的形式表现，总结分析切身感受空间尺度及布局。

（3）小区景观命题设计阶段。

教学活动：教师分步骤分阶段确定任务、目标，回答解决设计过程中的问题，因势利导。学生分组进行设计练习，在动手实践中进一步加深对知识的理解，并在学习过程中培养交流合作能

力、空间想象力和表现创造力。

命题阶段：任务书（小区名称、规模、地形图、建筑竖面设计图、建筑底层平面以及相关历史人文资料和要求）。

命题选择：小区规模宜选择2万平方米以内，学生合作完成的可适当增加面积。

①分析现状、立意。

讲解：分析自然及人文条件，加以提炼整理，提出设计观点。

②深化设计阶段。

讲解：合理安排各阶段的任务，进行阶段评价和总结，帮助解决各阶段的问题。

③成果表现阶段。

讲解：重视对设计成果的表达以及最后的文本、版面的设计编排，过程、结果并重。

课时分配

课程单元名称		单元课时	单元课时分配数		备注
			讲授	实验/练习	
人类居住环境理论知识		6	6	–	
小区景观设计	小区景观设计理论知识	6	6	–	
	小区社会调查	14	2	12	
	小区景观命题设计	70	12	58	
总课时		96	26	70	

第二章 Chapter 2

教学流程

TEACHING PROCESS

第二章 教学流程

一、教学流程表

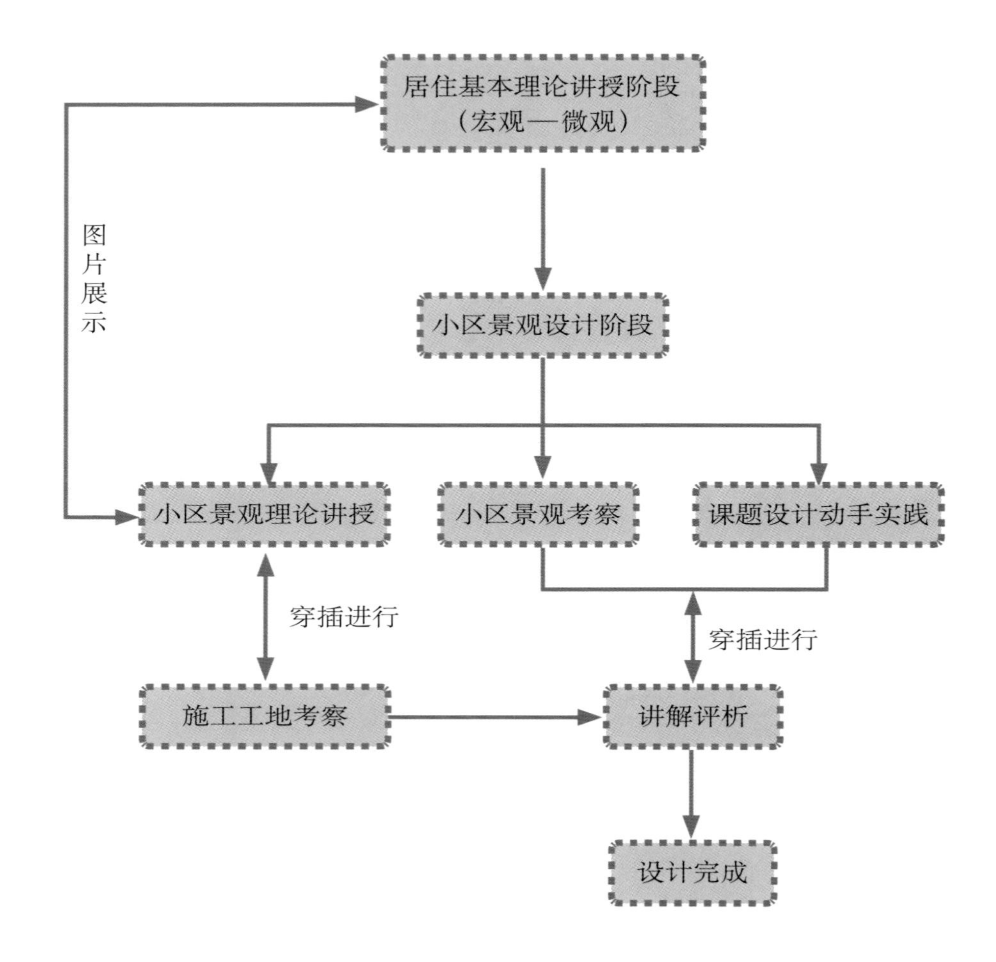

二、基础理论与设计要素

（一）居住基本理论阶段

1. 总论

环境景观设计是艺术学科中的一门新兴的边缘学科。主要运用艺术设计方法来研究环境景观的艺术创作设计，将自然景观与人文景观，尤其是城市环境景观、建筑环境景观的设计作为我们环境景观设计研究的主要对象。它涉及众多学科，如地理学、建筑学、城市规划、城市设计、设计美学、社会学、文化学、民族学、史学、考古学、宗教学以及心理学等方面。

人文景观是环境景观设计概念的一个狭义的分支，主要是以人类居住聚落的人文景观研究为主线，包含乡村、集镇、城市环境景观形态的形成和发展。

2. 人类居住环境研究

居住环境的组织形式是随着城市的形成而出现的。不同时期的社会经济发展导致人们在意识形态和社会文化形式上存在着差异。因此，居住形式也受到地域环境、当地人们生活习俗、经济文化意识形态等方面的影响。

（1）民居建筑景观资源。

①木构架庭院式民居景观。这类民居是我国民居的主要形式，代表性的是北京“四合院”（北方民居），江南的“四水归堂”（江南民居），指建筑有较小的院子或称天井，各个屋面内侧坡的雨水都流入天井，结构多为穿斗式，墙面白色，顶铺小青瓦，室内铺石板。

②窑洞式民居景观。该类民居利用黄土壁立不倒的特点，水平挖掘出拱形窑洞，主要分布在河南、山西、陕西等黄土层较厚的地区，一般分为两种形式：靠山窑（利用黄土壁面向纵深开洞）、平地窑（在平地下挖出院子，从坑壁向四面挖窑洞）。

③干栏式民居景观。干栏式民居是用竹、木构成的楼居，一般底层架空，可防潮，饲养牲畜，上部住人，分布在云南、贵州等地。

④碉房式民居景观。碉房是青藏高原民居形式，用土或石砌筑，形似碉堡。

⑤毡房式民居景观。游牧民族民居形式，便于运输移动的帐

篷，主要分布在内蒙古和西藏地区。

⑥“阿以旺”式民居景观。新疆维吾尔族的民居形式，是土木结构，平顶密梁，院落在四周，室内有壁龛，墙面大量使用石膏雕饰。

（2）居住环境的变迁及景观特点。

人类为了生存的需要，必须创造一个居住的空间，有史以来，人类的居住环境已由简陋的茅屋草舍逐步发展到形态多种多样的现代住宅。回顾我国居住环境规划的发展，历经了里弄、街坊、邻里单位、居住小区等过程，并呈现出螺旋形发展势态。

①里弄。里弄是在资本主义萌芽时期广泛发展起来的住区形式。今天，在国内外的一些地区仍然大量存在。它依据城市道路的结构，从大到小，依次由街、弄、里三个层次构成。里弄住区在环境上比较安静、安全，邻里交往密切，但是里弄住区的住宅面积标准较低，特别是在上海等地区，没有与自然沟通，采光、通风差，绿化少。

②街坊。为了改善里弄住区的问题，于是就在沿街或里弄布置住宅，中间留空地，形成周边式住宅布局形式，称为街坊。建筑形式有了变化，内部空地处理成绿化和休闲活动的设施，有良好的景观。但是由于都是周边式布局，内部院落形式相近，缺少识别性，土地浪费较大。空间尺度缺乏亲切感，由于布局规整，自然环境利用不够。

③邻里单位。由美国C · A · 佩里在1929年提出，是一种非行政的社会单位，一般居民有4000～5000人，共享一些服务设施和机构。住宅布置自由、灵活，采光条件改善，交通设施、配套设施合理齐全，环境丰富有特色，主要存在于上世纪中叶的欧美各国。

④居住小区。上世纪50年代至今，在新区的住宅规划中普遍采用了小区的概念，城市道路不在小区内通过，用地约10～30公顷，住宅按组团设置，3～5个组团构成一个小区，外部环境由住户小庭院、组团及公共用地和小区级公共用地构成，各级用地按不同需要布置景观。同时也出现了一些新形的规划模式，如强化邻里院落、组织立体集约型结构等。从上世纪90年代起，居住小区更重视人的生活活动规律和“以人为核心”的环境意识，强调对社会、文化、心理、生态等深层次领域的规划考虑。

（3）传统园林与居住建筑景观。

园林建筑景观是将自然环境和人工环境相结合所形成的建筑景观，它主要表现在庭院、宅园以及森林等环境之中。人类自古就向往美好的家园，而园林则成为了人们理想中的人居环境。从传统的古典园林到现代的居住景观，都能反映出不同时期人们精神审美和价值取向的一致性，即“建造人间的天堂”。在东方古典园林中，以中国园林和日本园林为最。

①中国园林。中国式园林以崇尚自然为本，形成山水园林意象，其中以苏州园林最具代表性，它是中国古典园林的典型代表。园林建筑分为住宅和庭院两部分，住宅空间序列遵循轴线关系，形式封闭；庭院空间相对开放自由、曲径通幽，园林景深和层次丰富多变，不拘一格。园林中的水景模拟自然界的江河湖海，体现出静态美的特征。在花木栽植上则采用“比拟”“寓意”的手法，使其具备人赋品格的特点，如“四君子”梅、兰、竹、菊都有特定的性格象征含义。

②日本园林。日本园林特色的形成是与日本民族的生活方式、艺术趣味以及日本的地理环境密切相关的。日本园林以庭园闻名，庭园在古代受中国文化和唐宋山水园林的影响，后又受到日本宗教的影响，而逐渐发展形成了日本民族所特有的“山水庭”，以精致和细巧著称。日本庭园是自然风景的缩景园，园林尺度较小，注意色彩层次，植物配置高低错落，自由种植。造园材料单纯简洁，追求虚、空、无的境界。

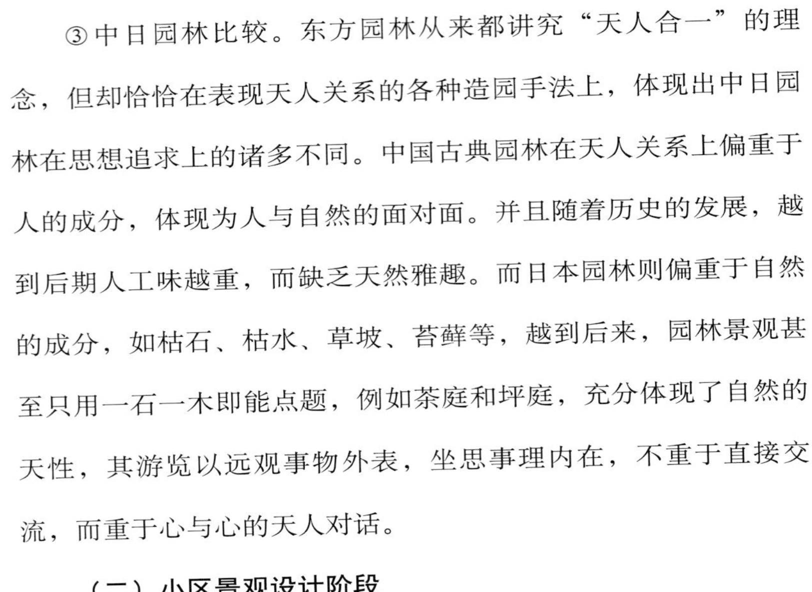

③中日园林比较。东方园林从来都讲究“天人合一”的理念，但却恰恰在表现天人关系的各种造园手法上，体现出中日园林在思想追求上的诸多不同。中国古典园林在天人关系上偏重于人的成分，体现为人与自然的面对面。并且随着历史的发展，越到后期人工味越重，而缺乏天然雅趣。而日本园林则偏重于自然的成分，如枯石、枯水、草坡、苔藓等，越到后来，园林景观甚至只用一石一木即能点题，例如茶庭和坪庭，充分体现了自然的天性，其游览以远观事物外表，坐思事理内在，不重于直接交流，而重于心与心的天人对话。

（二）小区景观设计阶段

1.概念理解

居住小区一般又称小区，是指被城市道路或自然分界线所围合，并与居住人口规模（10000～15000人）相对应，配建有一套能满足该区居民基本的物质与文化生活所需的公共服务设施的居住生活聚居地。居住小区的组成要素包括物质和精神两方面。

物质要素：指地形、地质、水文、气象、植物、各类建筑物以及工程设施。

精神要素：指社会制度、组织、道德、风尚、风俗习惯、宗教信仰、文化艺术修养等。

居住小区的规划设计一般要满足五个方面的要求，即使用要求、健康要求、安全要求、美观要求与特色要求。小区的用地根据不同的功能要求，通常由住宅用地、公共服务设施用地、道路用地与公共绿地等四大类构成。

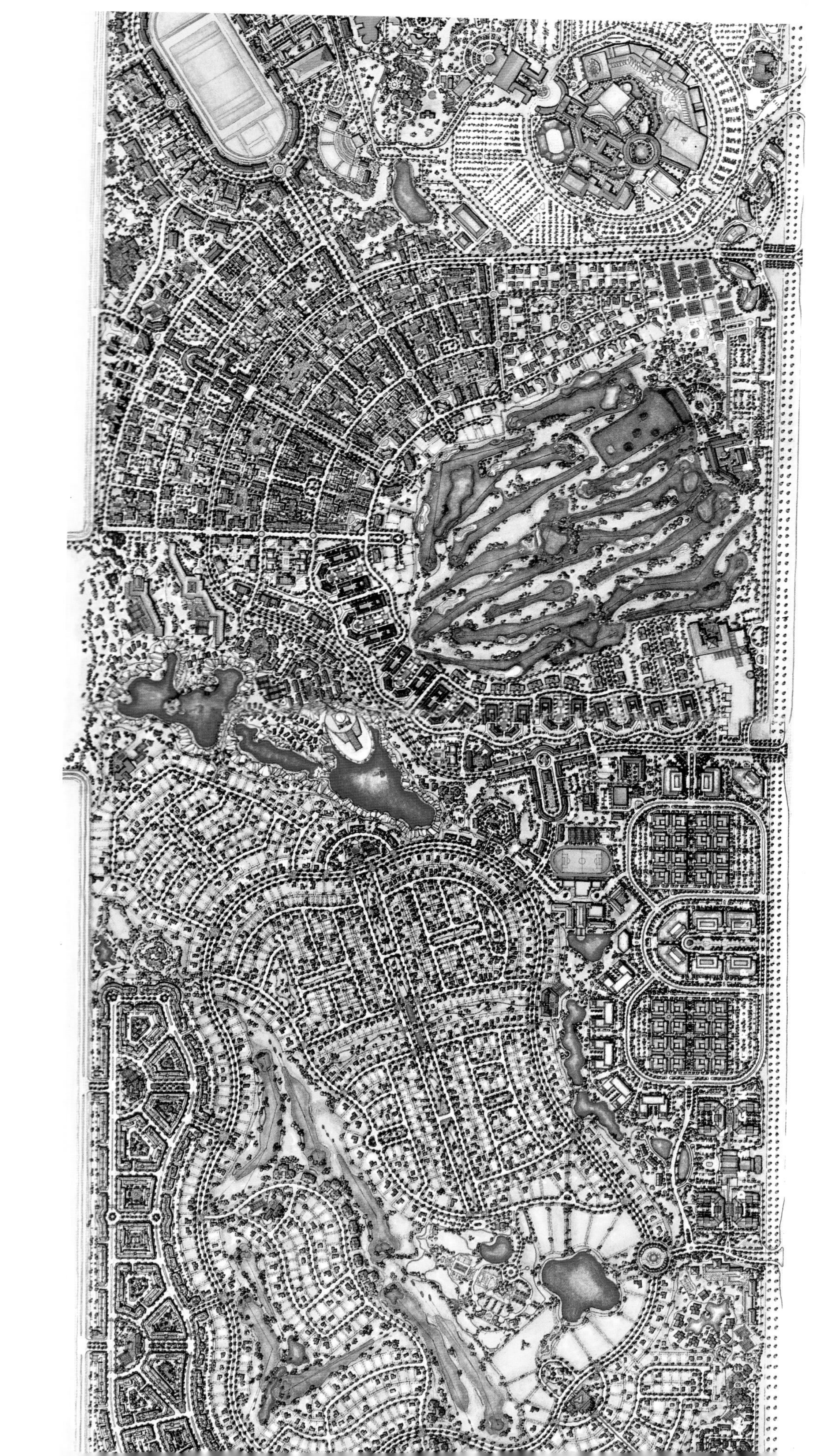

2.居住环境景观设计原则

居住环境是城市环境的一个重要组成部分，体现在自然景观、人工景观和人文景观三个层面上，必须遵循一些基本原则。

（1）合理配置功能。

人的一生几乎有超过2/3的时间是在居住环境中度过，居住环境功能配置要满足人的生活需求，比如满足上、下班，外出休闲活动，户外休息娱乐和邻里交往等各种行为的需求，以及满足居民对居住环境要求私密性、舒适性和归属性等基本心理需求。这些不同的活动需要配置相应的环境设施来满足环境景观的功能性要求，同时环境设计还要提供相应的环境气氛，可以通过形式、色彩、质感等满足不同的心理需求。

（2）组织优美景观。

居住环境景观之美是居民高层次的需求，通过对环境各要素的合理组合，不光要注重形式产生的自然美，还要注重深层之美，让人在与景的情感交流中感受到精神的愉悦和心理的满足。

（3）贴近自然环境。

居住环境景观设施在满足功能和美观要求的同时，应当充分利用自然环境，保护和利用现有的地形、地貌、水体、绿化等自然生态条件。

（4）保持文化特色。

居住环境的文化特征是通过空间和空间界面表达出来，并且能够象征性地体现文化的内涵。

3.居住环境景观构成要素

依据小区的居住功能特点，环境景观的组成元素不同于狭义的“园林绿化”，它是以塑造人的交往空间形态和突出“场所＋景

观”的环境特征为设计原则，具有概念明确、简练实用的特点。

（1）行道景观。

①车行道景观。车行道一般指小区级或组团级道路，住宅平行或垂直于道路布置。由于许多人一般在车辆上经过观看，所以道路景观要有连续性。住宅外部空间布局形式要有变化，局部要有小的开放空间，或者路面材质有变化，这样形成了重复的节奏感，可以打破道路空间的单调感。

②步行道景观。步行道一般位于住宅组团内部，承担内部步行交通和休闲活动功能，是居住小区道路景观设计中最为重要的部分。从景观上讲，步行道宜曲不宜直，这样可以在连续的道路上产生空间变化，形成丰富的空间序列。住宅沿道路有规律的布置，可以形成良好的围合感和居住气氛。

在小区道路设计中，有些人主张实行人车分流。事实上小区中很多道路都是人车共行的，这种人车共行道，必须结合步行与车行两种道路景观，在路面上设置各种减速岛，通过地面铺装的不同，形成安全美观的街道景观。特别要提到的是消防车道，从功能上看，消防车道属于必备的车行道，但是平时还是主要作为步行空间来使用，设计这类人车共行通道时应当结合其他景观元素，从构图手法到铺装材质上体现出居住小区的设计风格。

（2）场所景观。

小区的场所包含了各类硬质地面的场地空间，如广场、游戏场地等。该类场所景观应当注重空间边界的设计，通过提供各类辅助性设施和多种合适的小空间，以达到拥有良好场所感和认同感的目的。居住环境场所景观广义地包含了住宅和交通道路之外的一切外部空间，它的类型多样，可以分为以下几种：有以活动目的为主的广场；有以观赏休闲为目的的游赏性庭园以及底层住户的私家小庭园；有以专类使用功能为目的的各种游戏场地和健身场地等。

①休闲广场景观设计。休闲广场的形成是靠周边环境的限定，景观的主体是周边建筑和景观设施，广场的功能在于满足人车流集散、社会交往、不同类型人群活动等需求。

②庭园景观设计。游赏性庭园，供人们休闲漫步，是动态观赏与静态观赏的统一体。因此在景观设计时，应当强调景观的趣味性和步移景异的特征，远近层次分明，同时考虑有足够的休息设施，以亭台廊榭点缀，相互借景。私家庭园一般位于住宅底层，领域界限明显，私人领域性强，在形成私有领域景观特征的同时也应当考虑整个小区的环境氛围。

③专类场所景观设计。包括健身场所与儿童游乐场所在内，这些场地的景观设计应当围绕使用对象的不同需求，在提供一种健康的娱乐方式的同时也传达出一种生活文化气息。

（3）水景景观。

小区水景设计应结合场地气候、地形及水源条件。在南方干热地区应尽可能为住区居民提供亲水环境，北方地区在设计不结冰期的水景时，还必须考虑结冰期的枯水景观，以丰富住区景观。根据小区中水景景观的不同使用功能与规模大小，可分为自

然水景、庭院水景、泳池水景、装饰水景等类别。在小区中设计水景景观时可以考虑倒影池、生态水池、涉水池、景观泳池以及各种动态水景如喷泉、流水、落水、跌水等，并充分利用自然环境，保护和利用现有的地形、地貌、水体、绿化等自然生态条件，满足适宜性、观赏性、亲水性等设计要求。

（4）植物景观。

植物景观对小区环境空间的塑造和意境氛围的烘托，以及维护生态平衡有着重要的作用，应当充分发挥植物的各种功能和观赏特点，通过合理配置构成多层次的复合生态结构，达到小区植物群落的自然和谐。

随着人们对居住环境的要求越来越高，一个优美的小区环境不仅仅只是简单地栽植浓郁的绿化，还要求植物群落或是单个植物个体在形态、线条、色彩、造型等多方面能够给人带来一种美的感受或是联想。通过对观赏植物进行合理搭配，在塑造空间、改善美化环境、渲染意境氛围方面创造出特定的绿化景观效果，成为小区景观设计中的点睛之作。设计原则应满足园林艺术的需要、植物生态要求以及合理的搭配和种植密度。植物的配置形式很多，但一般划分为孤植、对植、丛植、群植、列植、林植、篱植等形式。

（5）其他类景观。

在小区景观设计中还包括了一些具备了特殊使用功能的景观，如设施类景观、硬质景观以及庇护类景观等，这些要素都成为小区整体景观环境营造不可缺少的重要组成部分。

①环境设施类景观设计。户外生活是居民居住生活的重要组成部分，小区景观设计通过创造一种既美观又吸引人的环境，给人以视觉、听觉、嗅觉、触觉以及游戏心态的满足，主要包括照明设施、休息设施、服务设施等方面。环境设施设计是居住小区景观设计内容中重要的一部分，不仅可以满足各类居民对室外活动的多种需要，而且对环境的美化起到重要的作用。

②庇护类景观设计。庇护类景观构筑物是小区中重要的交往空间，是居民户外活动的集散点，既有开放性，又有遮蔽性，主要设施包括亭、廊架、膜结构等。庇护性景观构筑物应以邻近居民主要步行活动路线为宜，交通便利，同时也要将其作为一个景观点在视觉效果上增加美感。

③硬质景观设计。硬质景观设计体现出小区的细节设计，涉及面很广，应当满足功能和审美两方面的需求。包括景观雕塑，以及大门、围墙、台阶、坡道、护栏、墙垣和挡土墙等内容的围护结构，还有种植容器、架空层和地下车库出入口等设计内容。

三、小区景观考察

1.学生分组现场考察杭州优秀居住小区，了解小区景观的基本特点和造景思想，实地接触景观空间的营造和细部设计，学习景观设计的意蕴和多种空间处理手法。

2.学生考察后，整理分散的素材，内容包括对现场考察的速记、分析、照片、手绘、心得体会，编写成小组考察总结并汇报。

四、课题设计动手实践

（一）确立设计命题

由教师设计一个居住小区的命题课题，可以根据班级的学生情况以工作小组的形式进行实际的设计演练。针对项目的现状特点以及设计定位由教师提出具体的设计要求，最终通过一定的表现形式来表达设计构想。

（二）小区景观设计的方法程序

1.设计程序与方法

景观设计始于调查阶段，规范的说法则是“立项、场地勘察、场地分析”，即调查业主的目的、场地的尺度、使用者的要求等。调查结束后则进入到方案设计、扩初设计、施工图设计和设计实施阶段。

（1）调查阶段（设计前期），包括：查看土地，调查使用者与业主的需要，把握各项条件。

（2）方案设计阶段，包括：设计概念、主题、规划内容的设定；规划轴线、流线与空间功能布局；主题思想与具体表现形式定位。

（3）扩初设计阶段（技术设计），包括：细化深入方案；确定环境整体与局部之间的具体用材和做法；编制概预算等。

（4）施工图设计阶段，包括：设计方案的定稿和深化；从城市建设角度协调解决各专业之间的技术问题。

（5）设计实施阶段，包括：图纸交底，局部修改等施工后期服务；协同甲方竣工验收。

2.图纸成果要求

（1）方案设计成果内容：规划设计说明、景观规划总平面图、各类规划分析图（现状、交通、功能、绿化等）、各类效果图（总体鸟瞰、重要节点透视效果、剖立面效果等）、各类设施示意图（铺装、环境设施、景观小品等）。

（2）扩初设计成果内容：设计说明、平面图、分区细化平面图、剖立面图、节点详图等。

（3）施工图设计成果内容：施工图纸说明、平面图（总平面图、放线图、竖向设计图、绿化布局图等）、分区细化平面图、剖立面图、节点详图、设施布局图等。

由于具体项目的实施操作大同小异，以上简单地列举了相关各设计阶段的方法与内容，有关设计的流程详解将在第三章以案例的形式作重点论述。

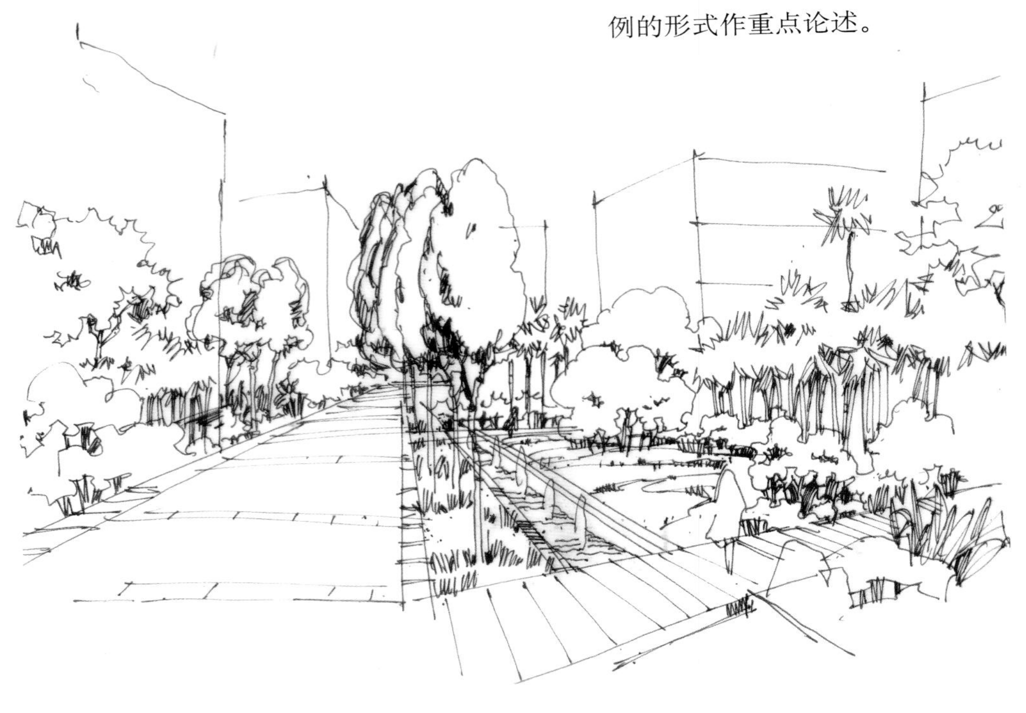

思考练习题

1. 人类居住环境经过了哪些阶段性变化，每个阶段的主要特征是什么？

2. 小区水景设计需要注意的问题以及类型思考？

3. 居住小区消防道路的景观化设计对空间景观的意义有哪些？举例说明具体如何处理。

4. 设计概念产生的依据是什么，具体包括哪几方面内容？

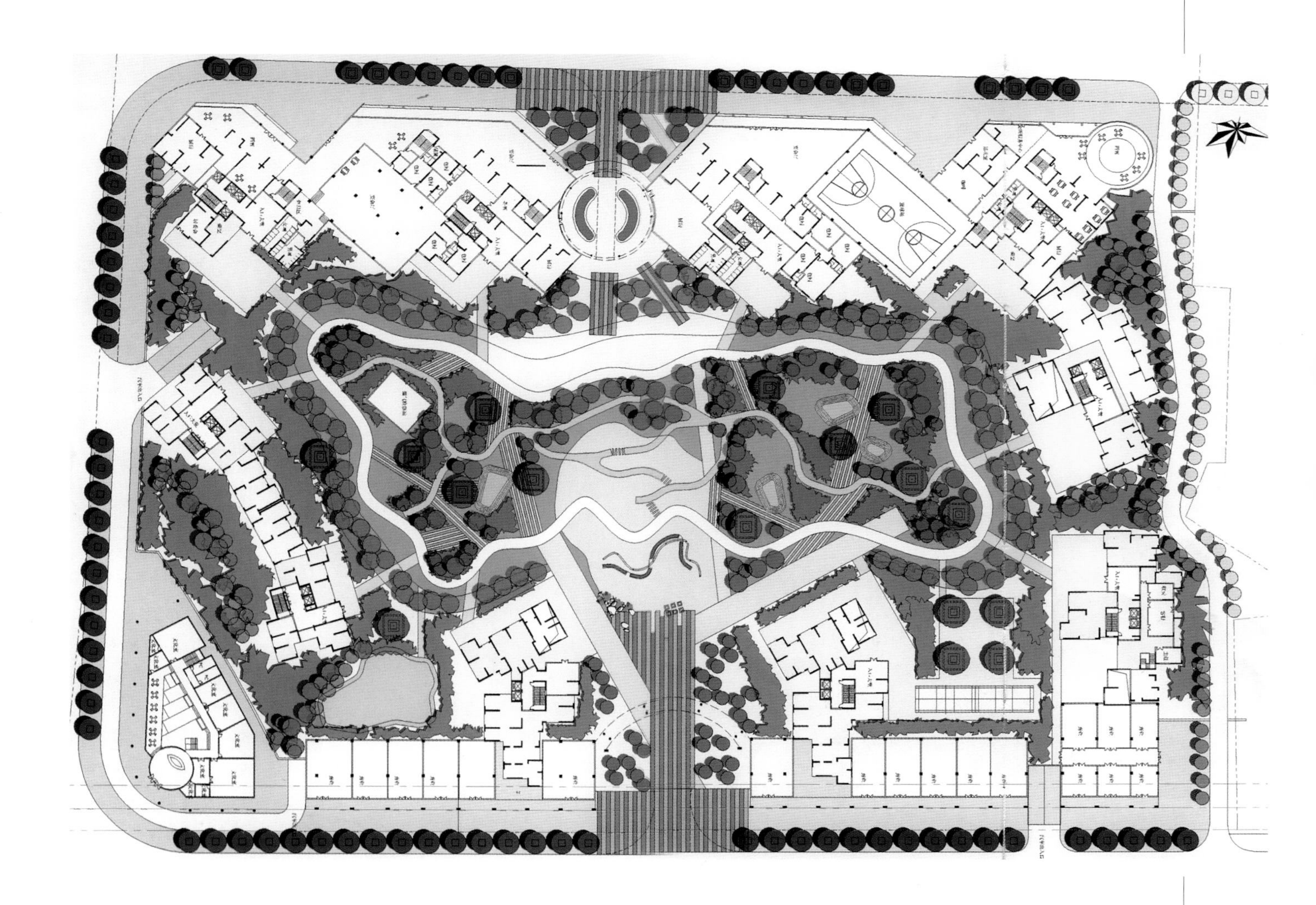

第三章 3

项目详解 Chapter

PROJECT EXTENSION

第三章 项目详解

本章以实际项目为例，详细介绍了项目从接手到最终出图的全部过程和设计要求，这将有助于我们理解项目的实施过程，以解决各阶段出现的种种问题。

【项目一】同方国际公馆小区及酒店景观设计

一、项目概况

同方国际公馆小区及酒店景观设计是由同方集团在浙江诸暨开发的连体项目，包括一个以排屋为主的居住小区和一个五星级的度假酒店，其中小区规模4.64万平方米，酒店规模4.17万平方米。

该项目由加拿大JBM景观设计公司负责整体规划。从建筑的方案阶段开始，在对建筑的风格定位、空间布局方面JBM都给予了中肯的建议，以便形成更为合理、优越的空间景观效果。

二、项目流程

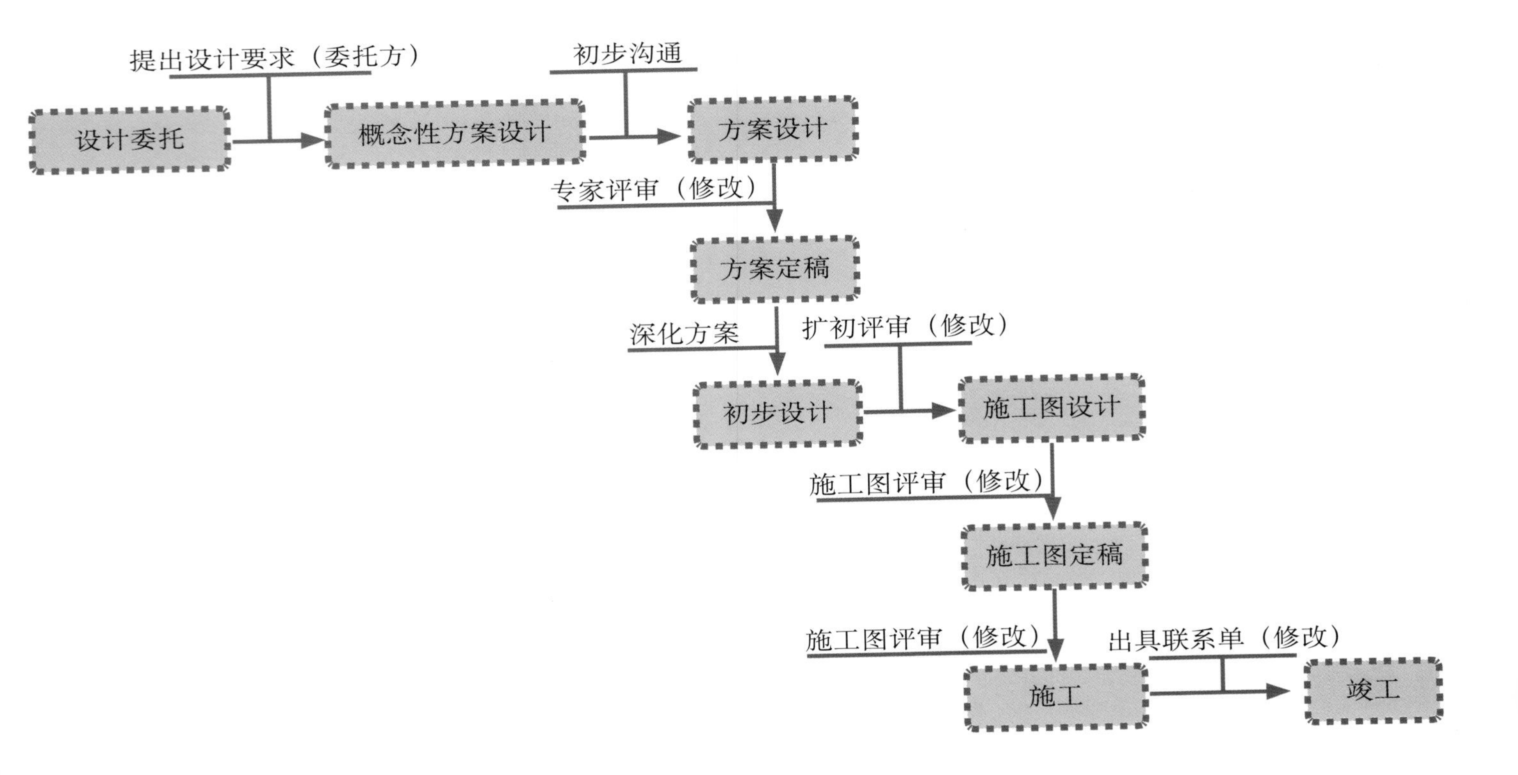

一般来说，目前大部分的境外公司为国内项目的景观设计在设计阶段的划分上都有严格的规定。具体依照各公司的特点而设置，但大体上会在上述常规流程的基础上作局部调整。考虑到本书编排的实际情况，我们将按照上述阶段的划分对本案的设计进行深入详尽的分析，着重突出从概念设计到扩初设计的阶段，其中的方案内容将作重点解读。

三、概念性方案设计

所谓概念性设计，即是形成概念、确定风格基调和核心内容思考的阶段。对于非直接委托项目来说尤为重要，它关系到甲、乙双方建立信任、达成共识、谋求合作的关键步骤。在此期间，双方往往需要反复沟通、多次商榷，以对彼此和项目本身有更加深刻的认识。

（一）调查分析

景观项目虽然有用地红线，有边界，如小区等还有围墙。但从空间角度理解，它的边界有着诸多不确定因素，甚至有无限延伸的可能，必须对现场进行实地勘测，才能得出正确认识。作为小区及酒店项目，本案的前期调查分析工作主要基于三方面的考虑。

1.实地条件的考察

实地考察是设计师获取第一手资料的必要途径，从景观设计角度我们首先考虑的是与周边交通、道路景观关系，即基础设施的现状和未来情况等；其次是区域周边的自然景观条件，包括在区域的西侧有一河道景观，如何加以利用等，包括地块的土质及周边植物种类和生长情况，为后续设计提供依据和参考；最后是对本地块内的地形关系、空间尺度有一个基本的概念。

2.当地市场调查评价

对周边房产市场，特别是项目所在区域楼盘的调查分析，主要是为景观的准确市场定位提供设计依据。在此基础上综合楼盘的造价投入、风格取向等因素形成设计理念。

3.建筑设计资料分析评价

（1）空间布局特点（深化）。

（2）建筑风格（类型、造型、材料、色彩）。

（3）景观空间的特点。

（4）道路交通关系（停车、消防、宅间道路、出入口与城市道路关系）。

（二）概念设计

在前期调查分析的基础上，设计师开始着手草图阶段思考，即概念性方案的创意阶段。这一时期绘图往往是从平面开始，由于项目规模较大，一般会从整体的空间结构关系和重要空间区域入手，以解决主要问题、主要矛盾为核心，以确定主要设计理念，确定风格定位为导向，从宏观角度把握各部分的链接关系。设计可能不一定形成系统，但能表达某种概念意向。

本案在该阶段的主要思考包括：

1.风格定位

小区建筑冠以西班牙欧洲小镇风格。实际上所谓西班牙风格在建筑界并没有明确的定义，广义的西班牙风格也就是地中海风格，基于此理解，设计借用“阳光地中海小镇”来加以理解或许更为确切，所以景观设计必须遵从建筑的风格定位以及前期开发商的宣传导向。在西班牙风格、地中海式建筑中，住宅庭院是最具特点的空间，艺术山墙和铁艺都是其风格体现的重要设计语言，因而可以将精致典雅、具有地中海小镇景观空间趣味的园林风格作为小区基调和定位。而酒店部分则可以在总体风格、材料、色彩保持与小区一致的前提下，灵活地运用各种设计元素和手法突出商业空间的特性。

page
43

2.设计思考

（1）小区与酒店的关系思考。建筑设计将小区底层抬高并设计成地下停车库，所形成的地面景观标高与原先地形相对较高的酒店部分相差无几，因而在景观设计交通组织上重点考虑架空小区与酒店两大区块间的道路关系。车行道从底部穿越，上面形成类似于屋顶花园的景观，扩大了原本相对紧张的小区地面空间，增加了公共休闲活动场所。而且两个区块的链接关系使得部分的酒店设施能够为小区居民使用，可谓一举多得。

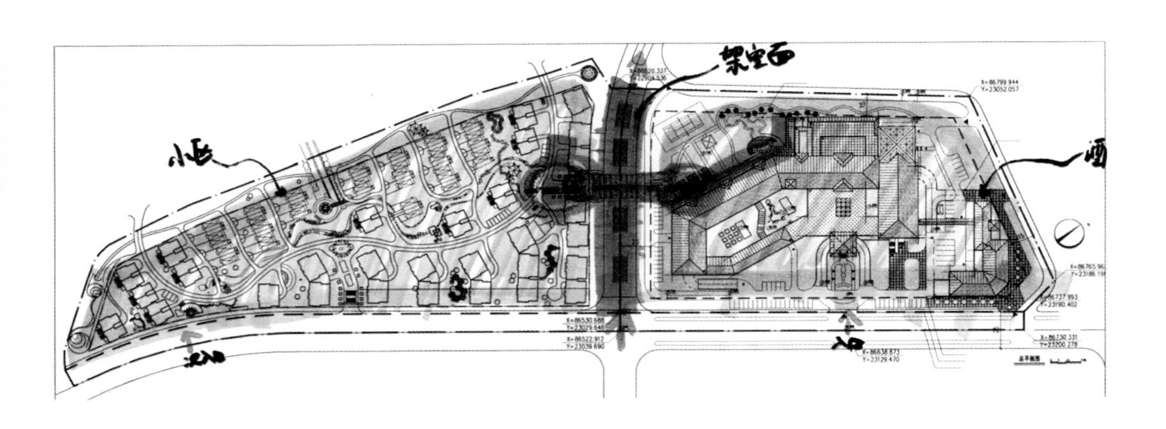

（2）空间布局。同方国际公馆是一个排屋小区，园区的公共景观空间有限，而排屋业主一般也更重视入口景观和私家景观。因此设计围绕南北中心景观主轴展开，横连接两条次轴和若干小景，并考虑在小区侧形成带状景观步行“长廊”。重点在三轴、两区域、两入口的空间景观设计。

酒店部分总体包括四个部分，即前入口广场、中心庭院、后花园和沿街商业带动设计，每个部分将结合建筑的朝向、入口关系形成合理有效的功能景观。

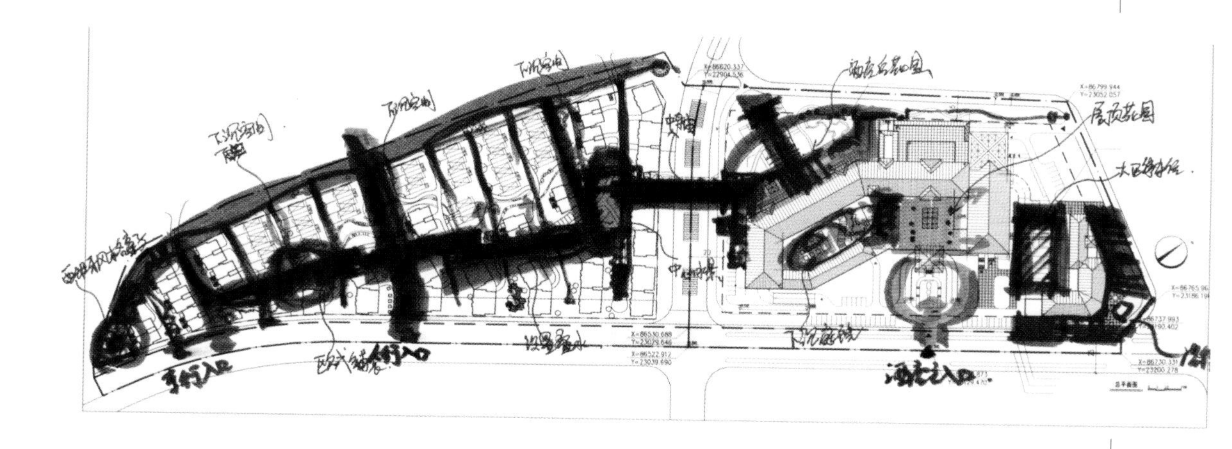
下沉空间
酒店后花园
屋顶花园
步行入口
酒店主入口
X=86620.337
X=86799.944
Y=23052.057
X=86530.688
Y=23029.846
X=86522.912
Y=23039.690
X=86730.331
Y=23200.278

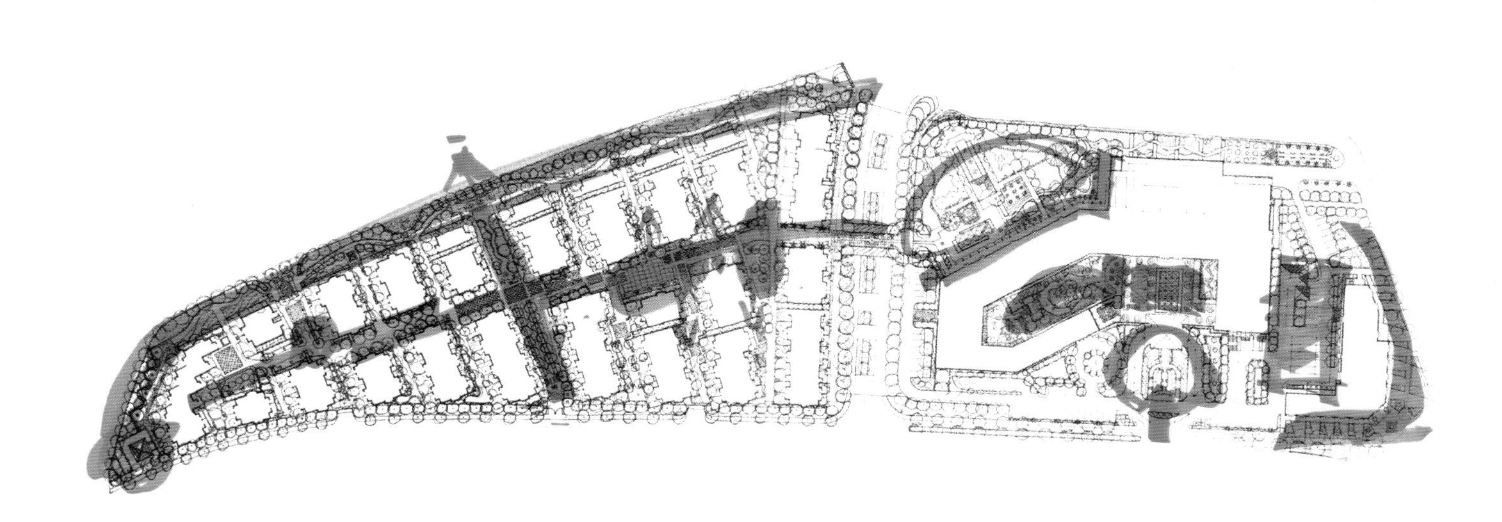

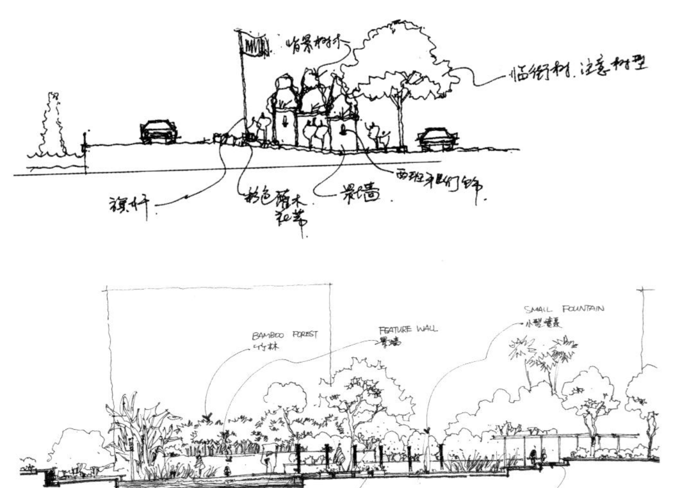

（3）重要景观区域设计。设计是一个由宏观到细部、由主要到次要的过程。主要空间的景观设计往往是业主最关心的地方，也是设计师着力打造的亮点景观。

在概念设计中一般要对这些区域有所交代：小区下沉广场景观、小区主入口景观、小区入口对景庭院景观、小区南端休闲景观、酒店入口广场景观、酒店中心庭院景观。

3.设计成果

概念性方案设计并没有规范的成果要求，具体要根据项目的实际情况，以及甲、乙双方协商的内容未定。一般来说通过概念草图的形式可以表现设计师已经考虑到的一些重要的想法、理念和重要的区域设计，甲方通过这些资料促进双方交流的过程，并能够对未来的景观效果有一个初步的了解。

本案的概念性成果多数已在上面写入，现将内容框架整理如下：

a.结合说明概念的草图；

b.初步景观平面总图；

c.重要景观区域手绘草图；

d.配合说明概念的参考图片。

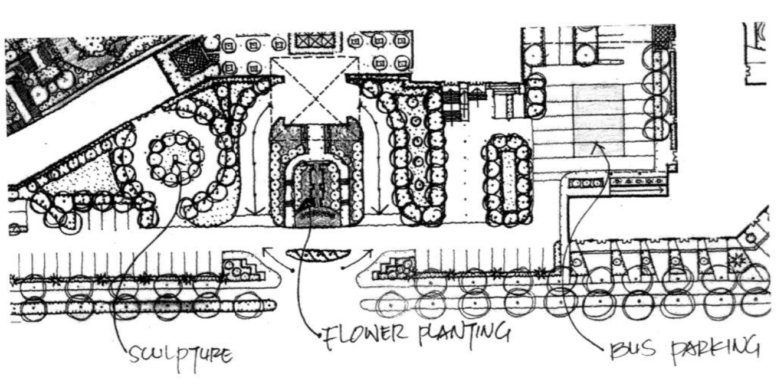

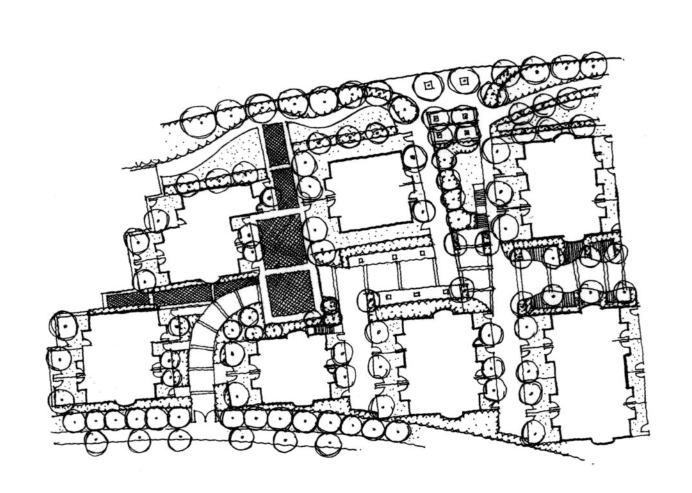

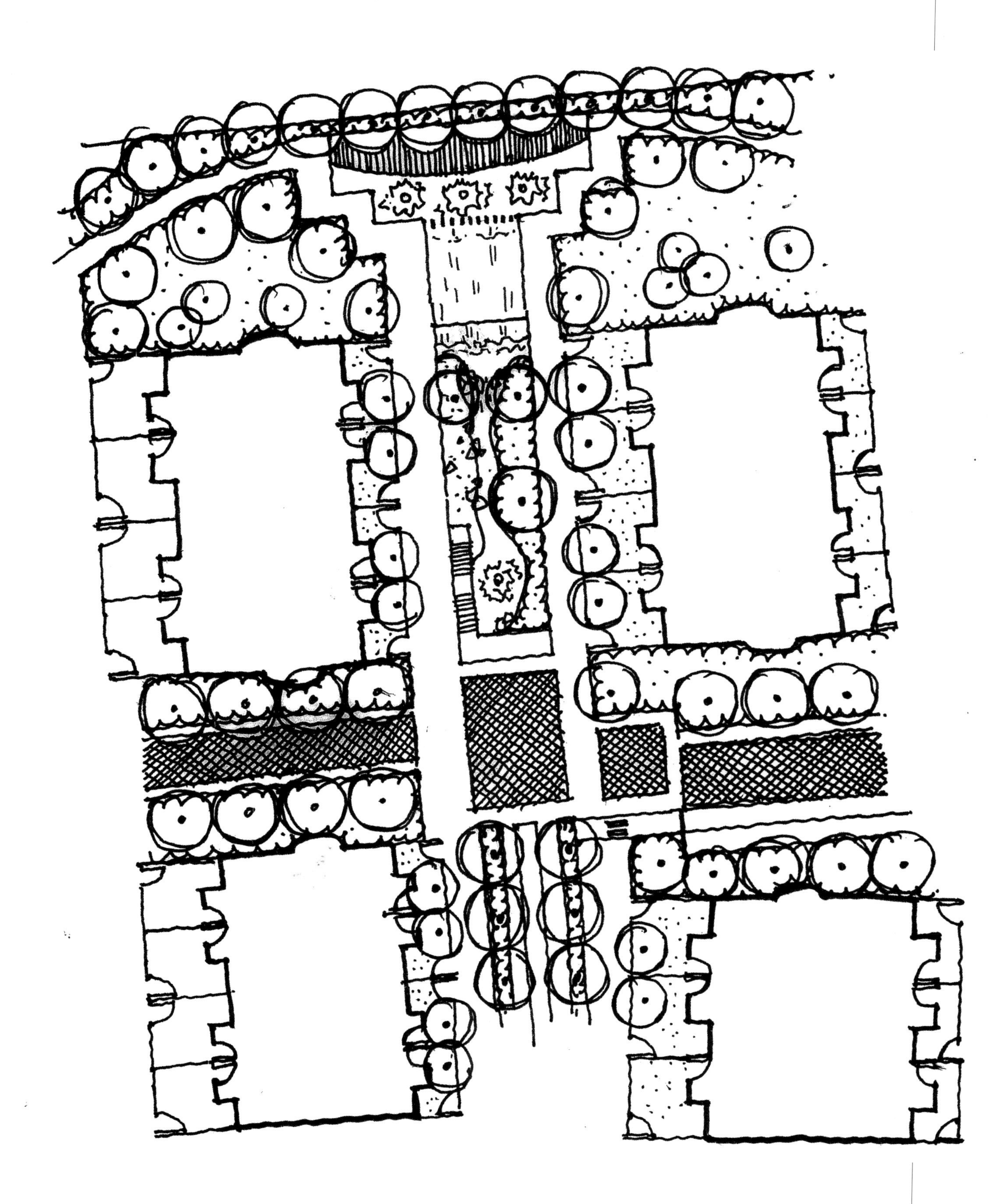

构思初级阶段：针对特定景观构成设计进行设计元素的初级整理，运用钢笔或铅笔等工具画出初步的设想。

四、方案设计

在前期的概念性设计中，由于概念清晰，思路明确，方案进展非常顺利，双方很快达成共识。因此在方案设计阶段，基本上延续了前期的设计思路并展开深入的空间景观设计。在此，我们对方案的理念不再重述，而把重点放在对分区块的详细设计加以讲解，其中穿插了对于总体空间关系的把控。

（一）小区景观

小区景观空间一般会因建筑布局关系而自然形成若干区域，为了方便表述，我们现将整个小区分为四大区块。见下图。

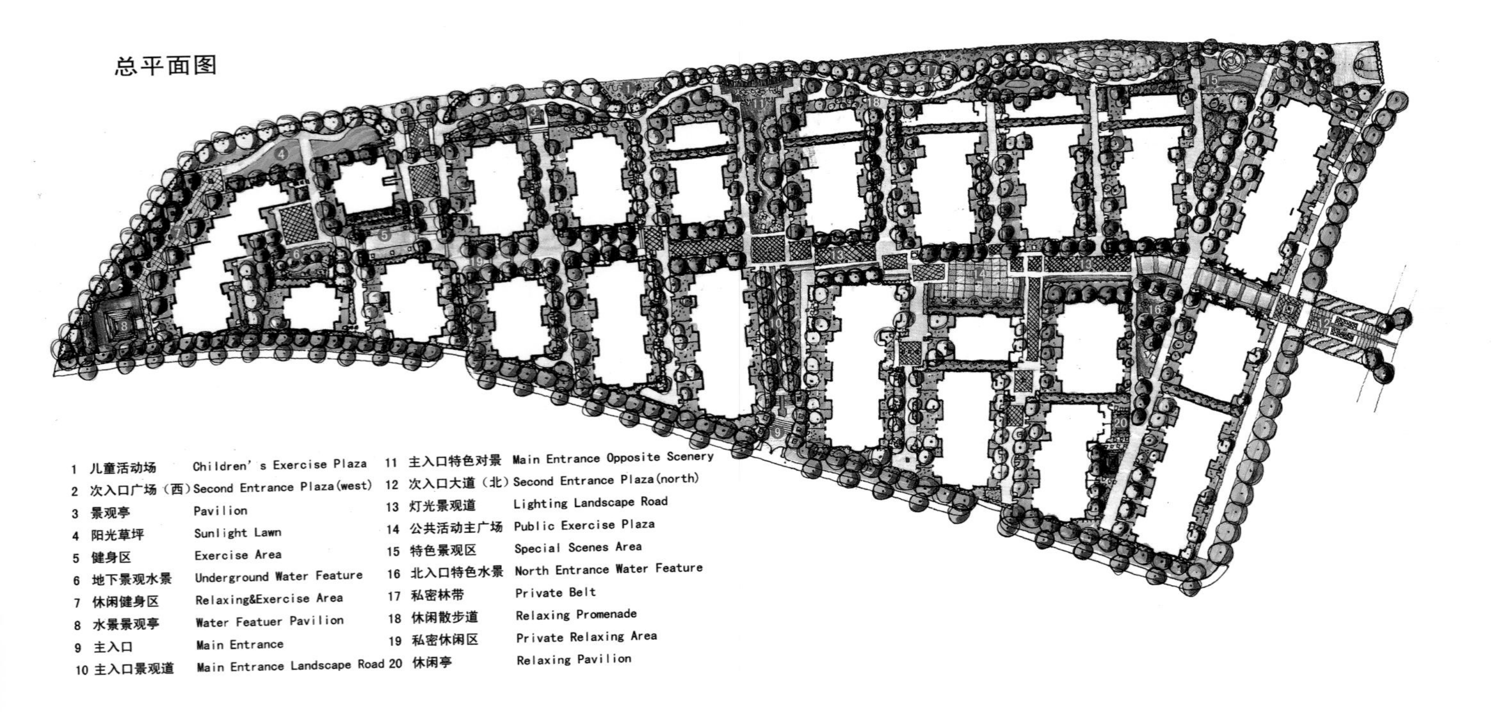

1.主入口景观区

作为主入口实际上是小区与酒店部相连接的形象入口，南北贯通形成小区的核心景观轴线，代表了小区的入口形象，作为重点来设计。

（1）水景设置。排屋小区通常密度较大，公共景观空间面积受限，而水景有诸多优势则可以提升小区的景观品质。设计必须充分尊重区域现状，以带状水体、涌泉设计形成精致细腻的空间效果，同时入口关系需考虑呼应北侧的酒店入口进行一体化的规划布局。

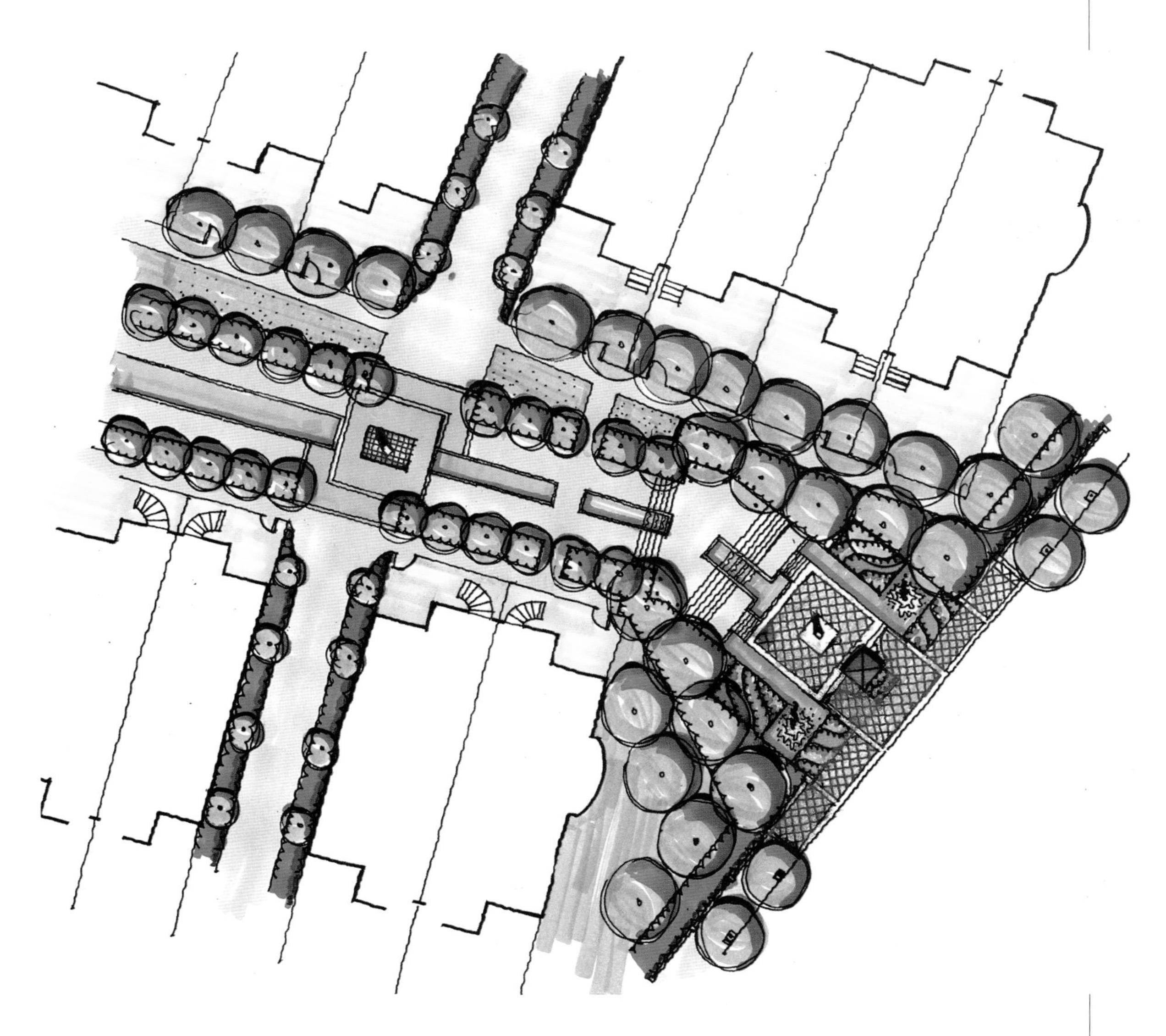

平面详图

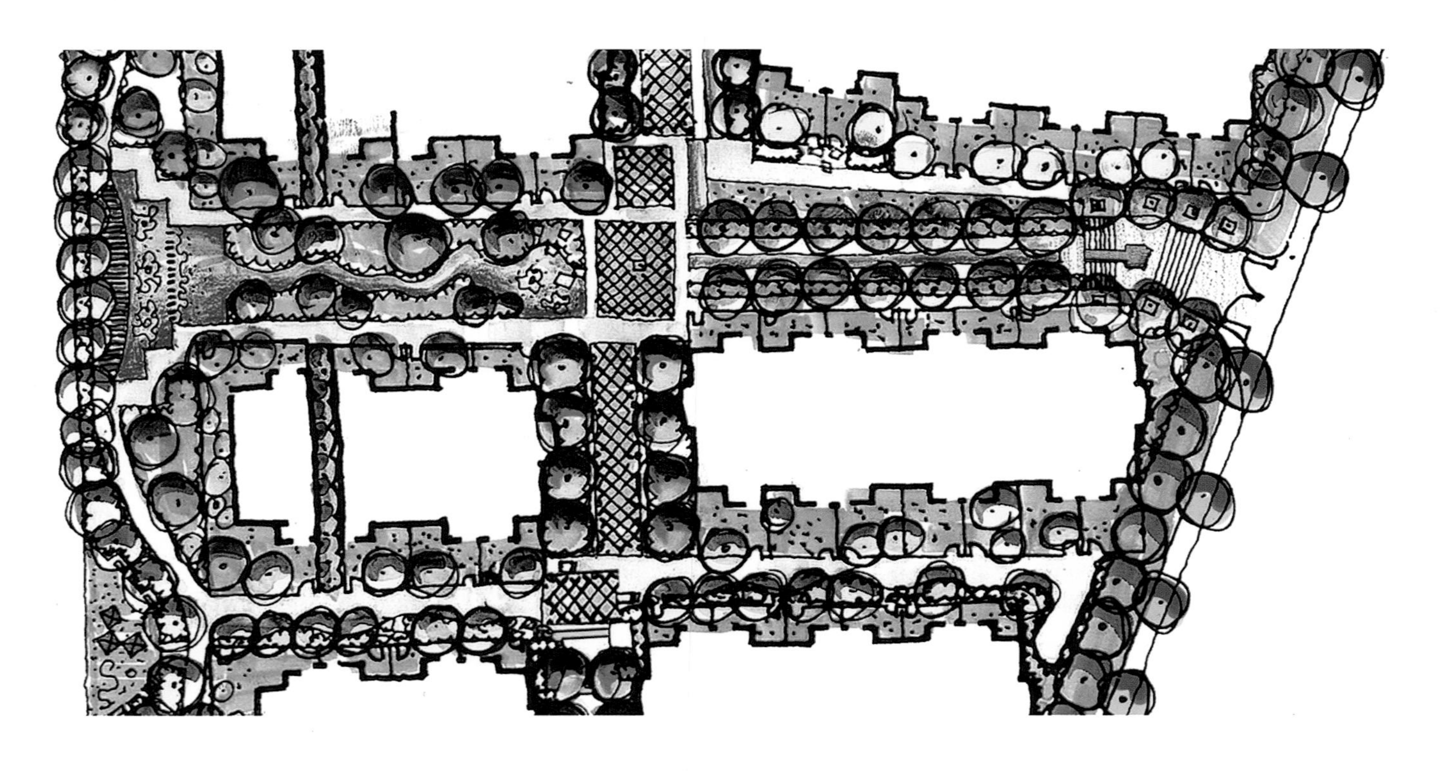

（2）宅间绿地。通常南方排屋的宅间距较小，没有太多的公共景观空间留存，而且本小区采用南北庭院双入口设计，绿化空间更显紧迫。但同时排屋业主又会非常关注入户景观，因此宅间绿化需精细整体，并注意围墙等竖向元素的设计。本案在有限的空间内设置一处特色阶梯景观和小型公共休闲景观设施。

平面详图

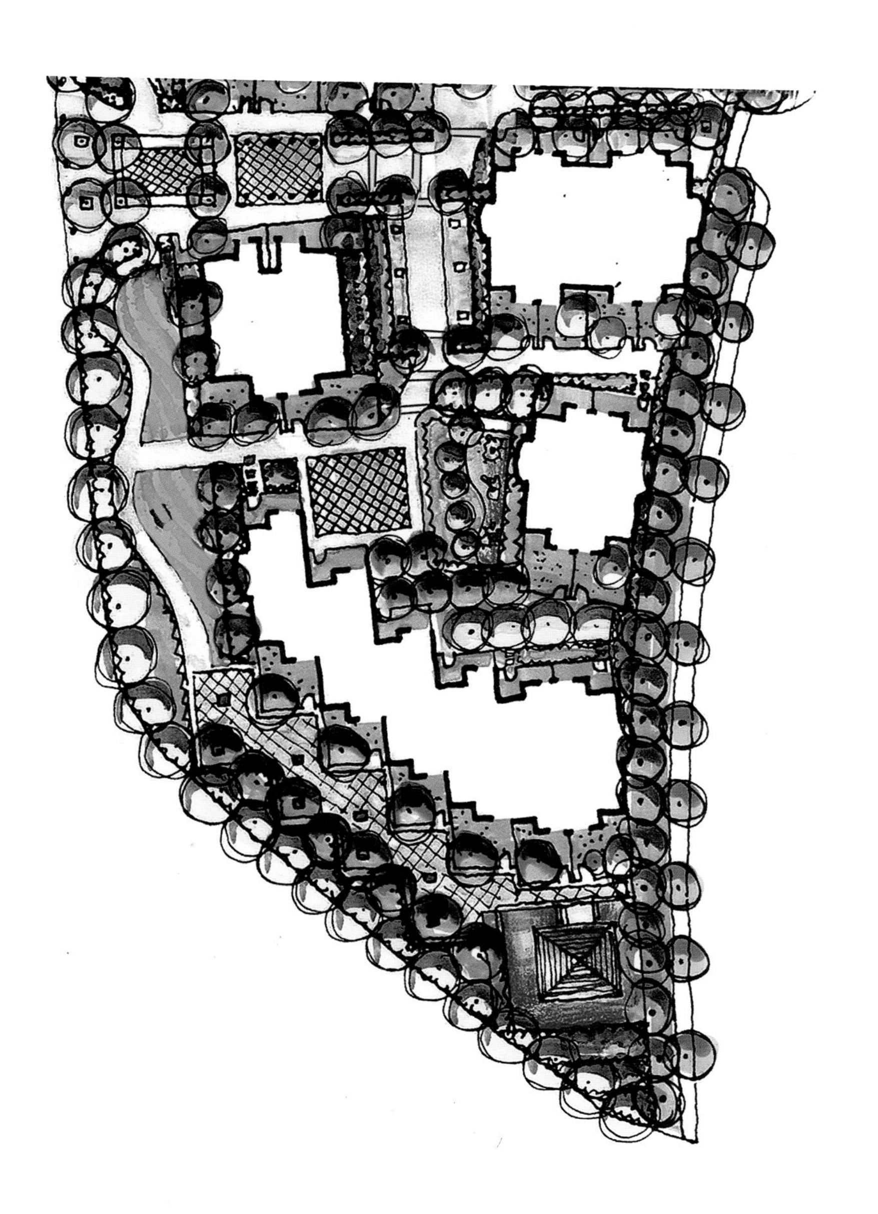

（3）休闲景观带。小区的西侧离围墙平均宽度为15米，设计考虑将这带状空间规划成小区的公共步行景观带，并安排少量的休闲设施及健身器材来提高绿地使用率。在这条绿轴的尽头设计了一处半篮球运动场，场地规划的位置考虑了运动场地的独立性以及对居住空间最小的干扰。

平面详图

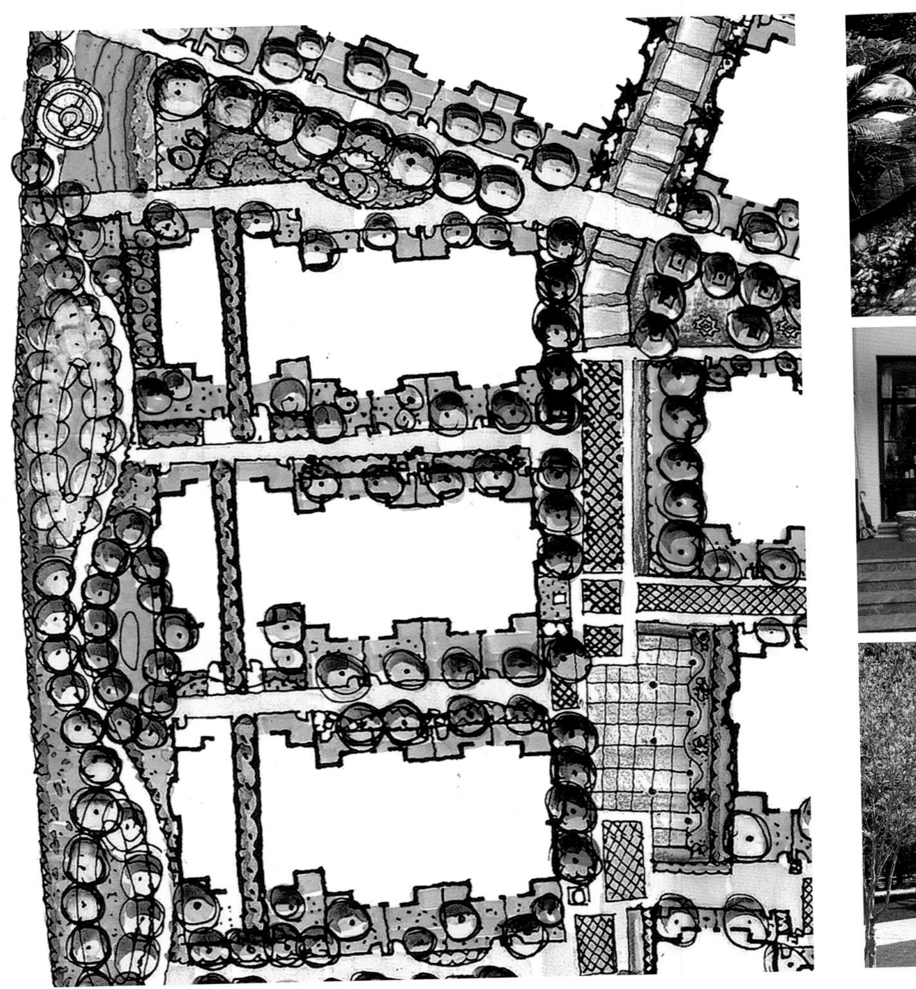

2. 中轴景观带

（1）道路、消防设计。中轴即是小区的核心景观轴线，兼具主要的消防通道功能。采用铺装的做法，消隐边界，突出了道路景观化，提升了小区公共空间的景观品质。此外，铺装的形式应考虑丰富的细节转换和节点关系的处理，并能满足消防车转弯半径的要求。

（2）水景处理。延续主入口水景关系，在中轴形成单侧主体1.5米宽的水渠，水景结合地形转换若隐若现。作为步行景观道路，通过分析建筑的退让关系设置小型的道侧休闲小广场，使空间得到延伸的同时削弱了道路的线形关系，即形成道路与广场的一体化设计。

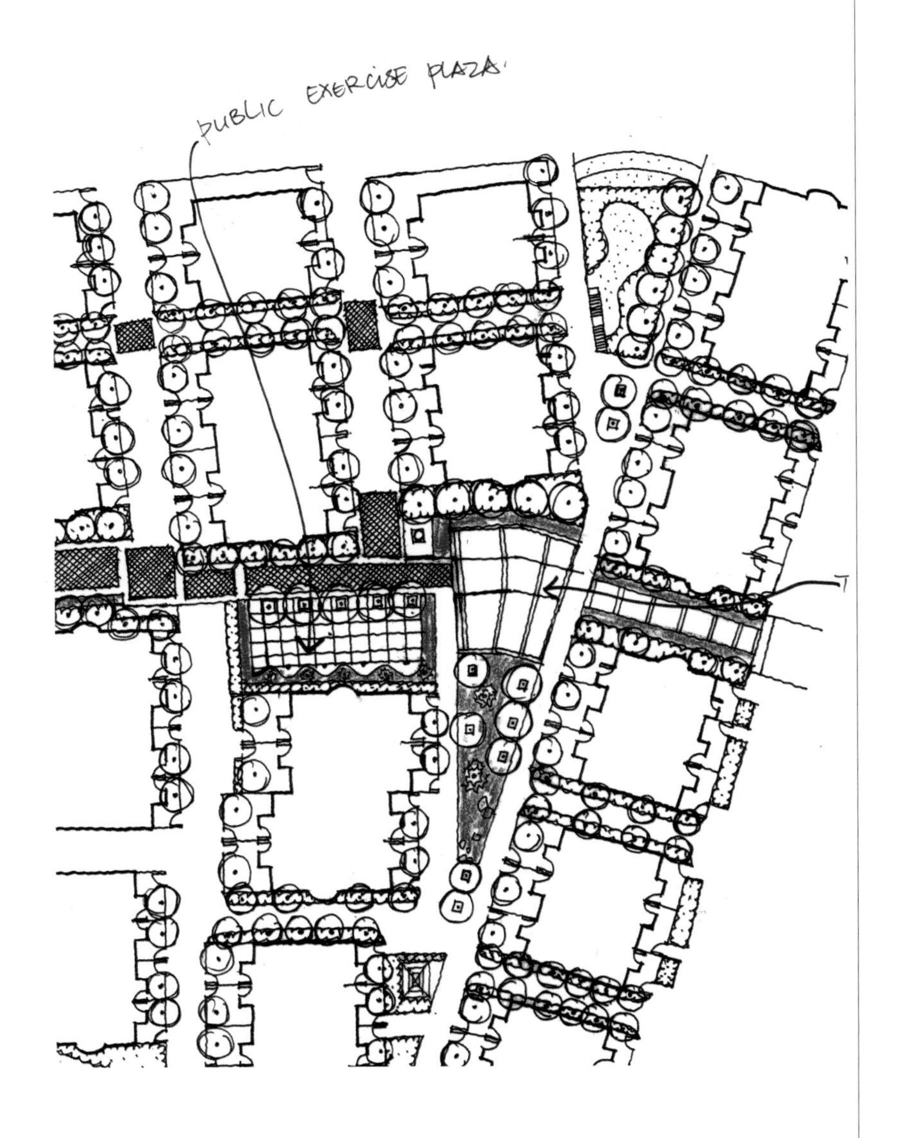

3.次入口景观区

（1）入口设计。本小区整体抬高，与外部道路标高相差3.5米，设计借势规划叠水景观，配以主景雕塑、阶梯绿化，空间结构完整，衔接转换自然，变化丰富。另外，大门及围墙设计应考虑符合景观的整体性欧式建筑风格。

（2）水幕庭院。该庭院本来是简单的宅间绿化空间，考虑到其与入口景观的轴线关系，建议建筑设计在此打开“缺口”，去除地下车库顶盖，形成下沉庭院空间，侧面设计车库的圆拱外廊。景观设计结合建筑设计处理水幕叠泉，很好地处理了对景关系并丰富了地下空间。

平面详图

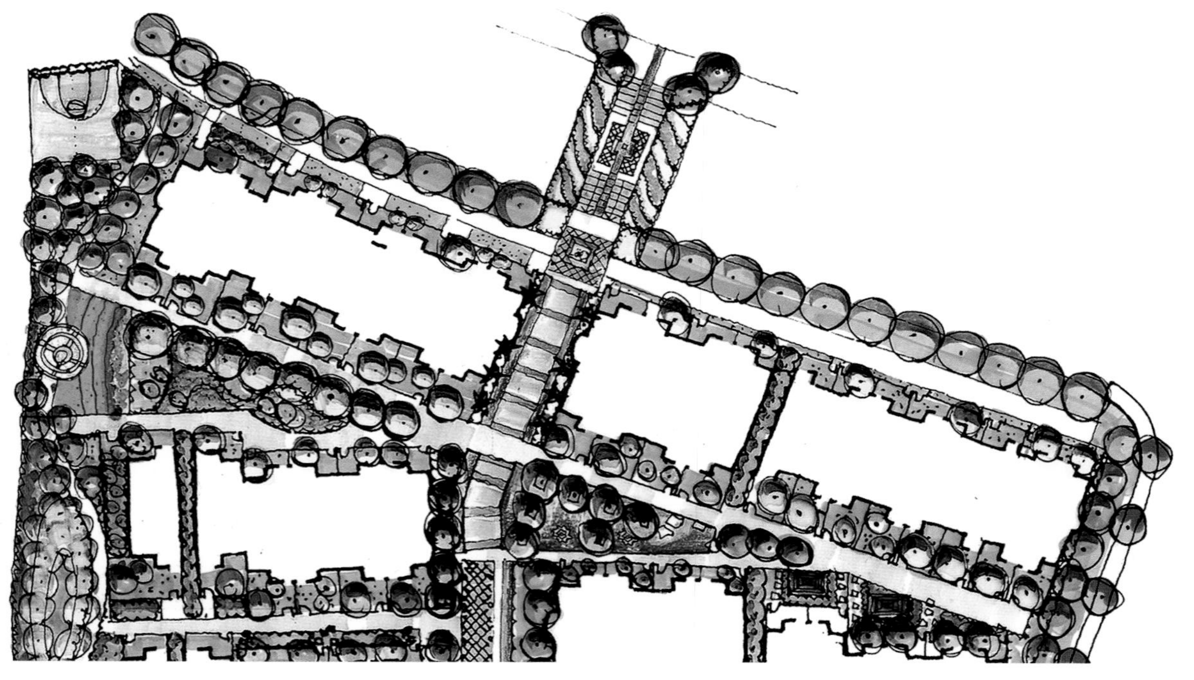

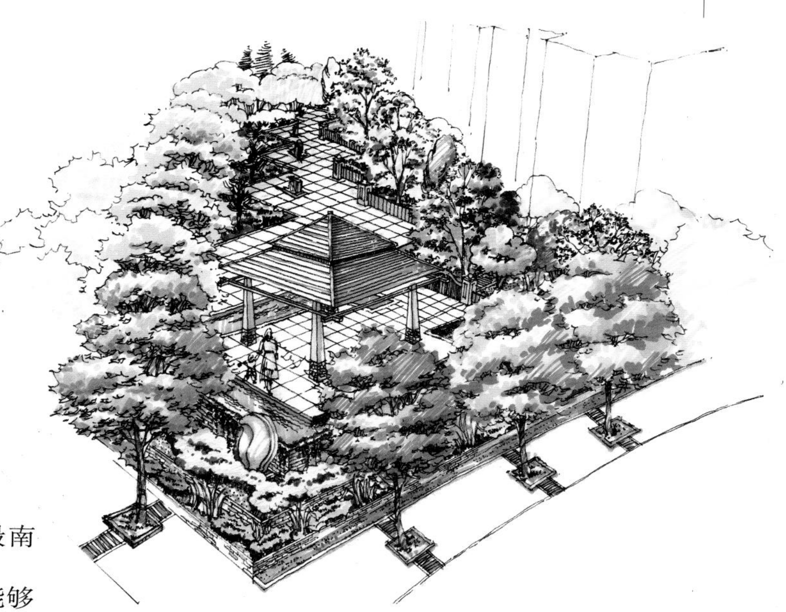

4.特色花园景观区

（1）水中亭景观。水中亭景观位于小区的最南端，由于小区地平面抬高，在端口设置水景庭院能够俯看街景。水中亭景观周边配合阶梯绿化形成半敞开的休闲空间，同时它又是西侧休闲绿带的终点，必须留有充分的缓冲和对景景观空间。

（2）广场庭院。本小区没有真正意义上的大型公共广场空间，在此区块结合尽端道路的回车要求，设计了12×12米的景观小广场作为小型的公共健身广场，周边规划小型的绿地景观和休闲设施满足居民的日常生活需求。

5. 宅间道路绿化景观

宅间绿化在排屋小区中虽没有足够的景观空间，但宅间是一个系统，所有的宅间设计应区分双向和单向，在细节绿化方面做足文章，在有可能的地方可以考虑设计景观廊道或邻里交流的小型空间，从人性的角度丰富小区的外部空间。这些看似微小的关系在本案设计中却有充分的考虑。

（二）酒店景观

当代居住小区项目很多都会有配套的设施，如商业、会所等。本案比较特殊，连体开发酒店建筑，考虑酒店部分景观与小区的相互关系以及作为小区的主要使用部分，以下将酒店景观设计分成四个区块作简要的解析。

总平面图

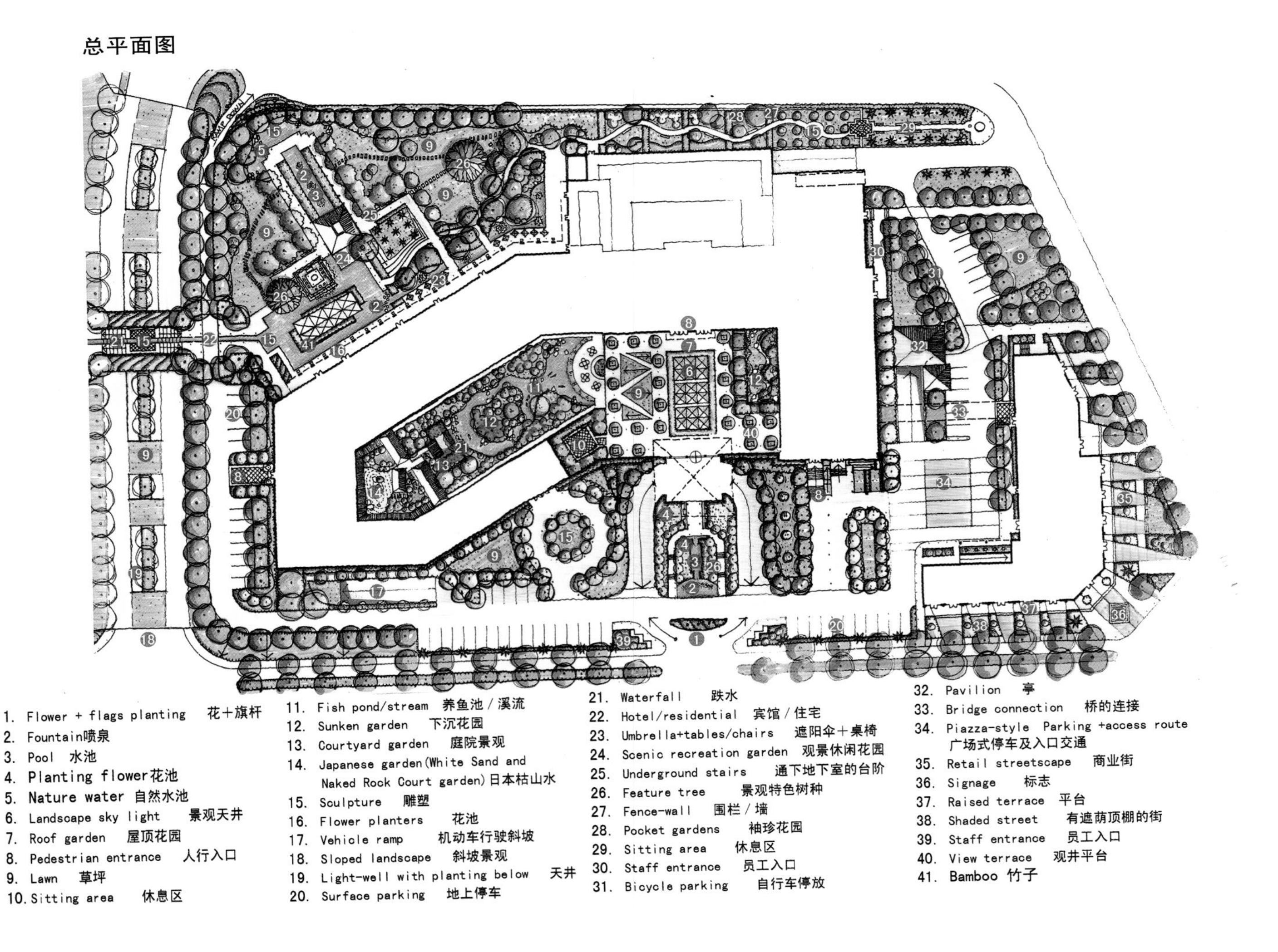

1.入口景观区

（1）交通处理。交通关系的处理是入口景观的前提要素，酒店一般会考虑旅客车行直接到达前厅（或雨廊）空间，方便客人上下和行李的接送。但交通关系并非决定条件，必须充分考虑景观效果，也就是交通景观化。

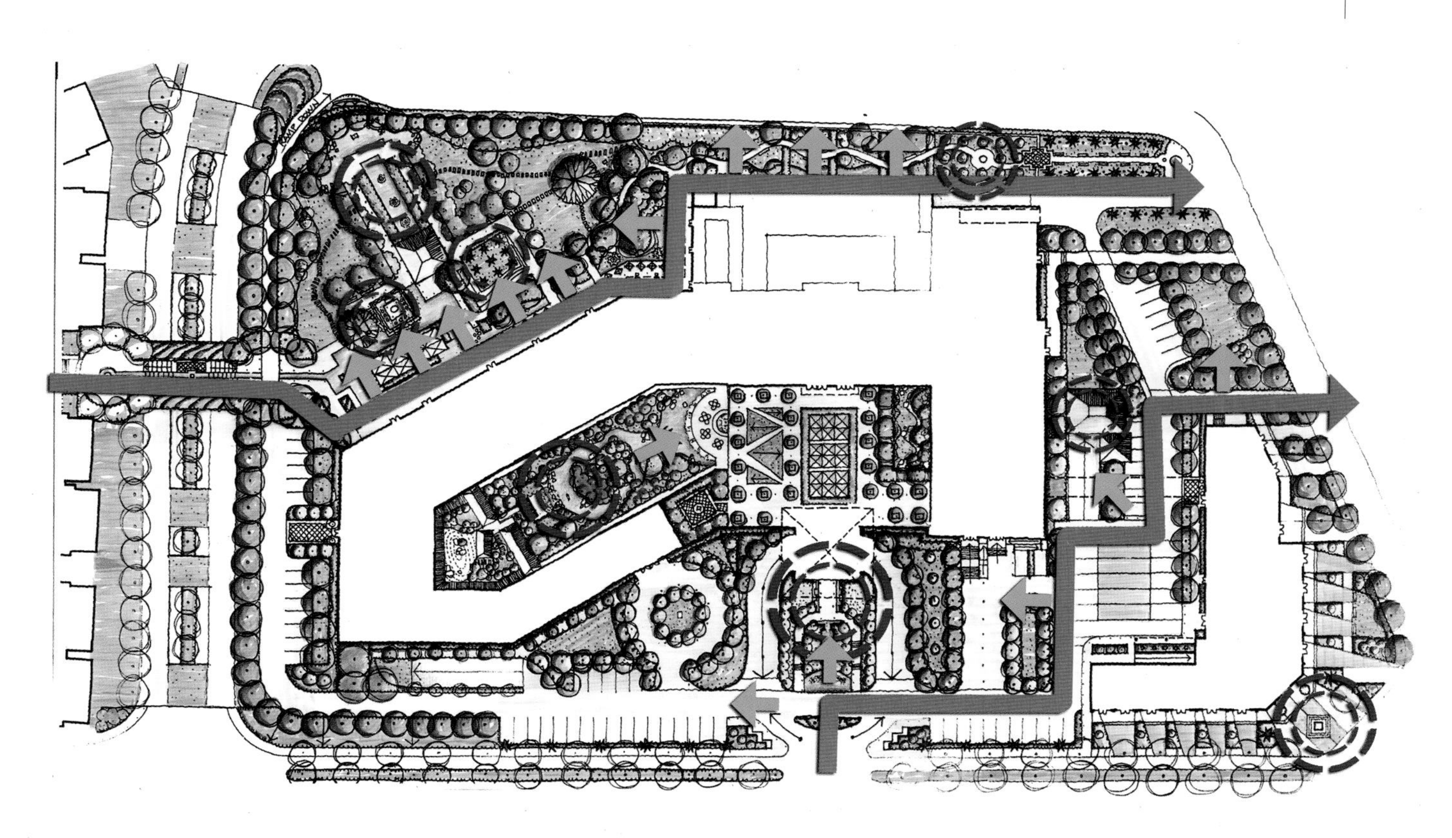

主景观道路

景观节点

视线渗透

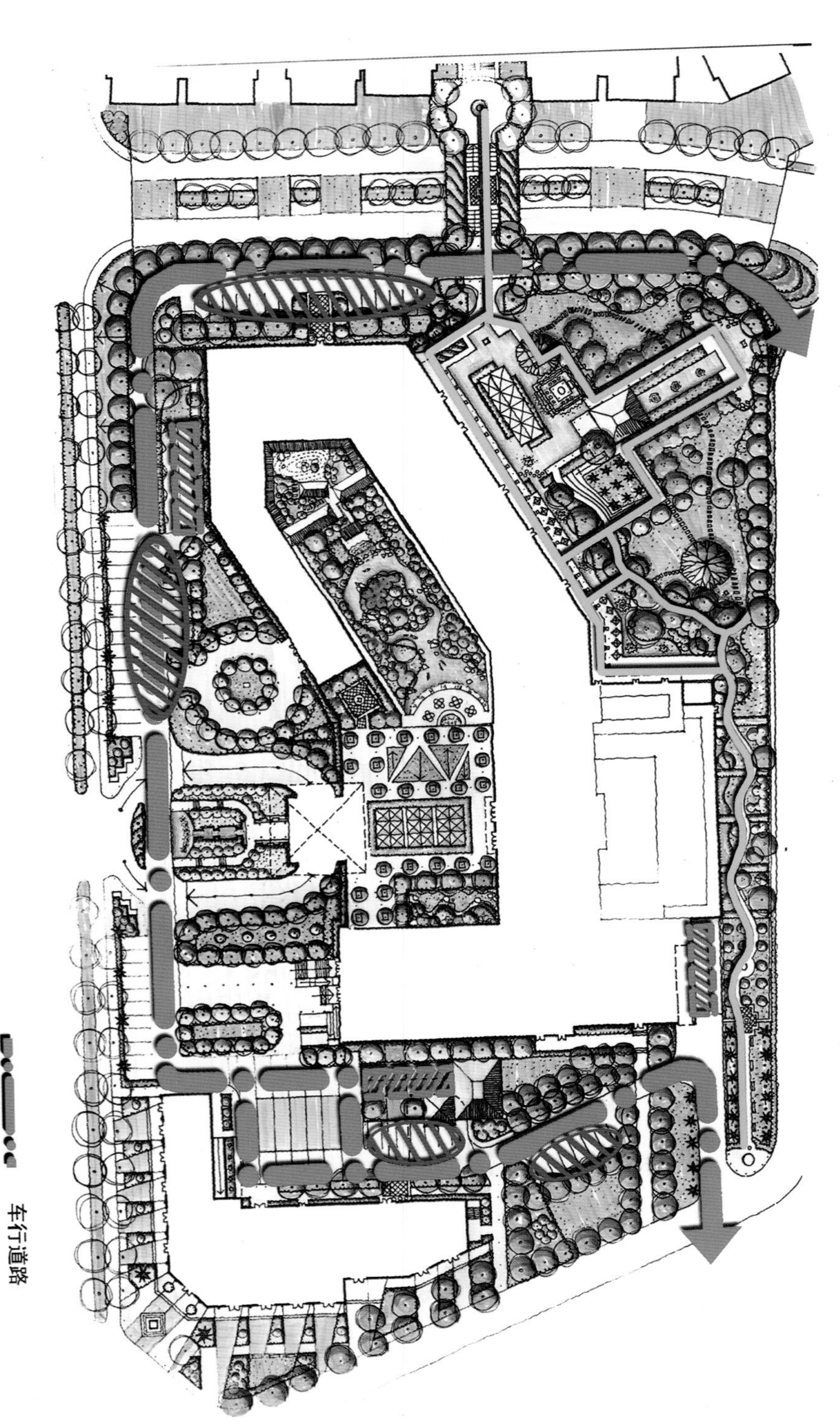

车行道路
人行道路
地下车库
地面停车位
主入口

（2）水景绿化。宾馆门厅与室外有一层高差，设计几经修改，从最初设计环形架空坡道，底部为方形水院，垂直水幕从门厅檐口下泻，配以水中树池形成开阔大气的入口景观。到方案阶段综合造价等因素规划阶梯绿化叠水，细腻婉转。再到最终图纸，中间出现的诸多设计调整都反映了设计在不断地协调各种因素而达到最理想的状态。

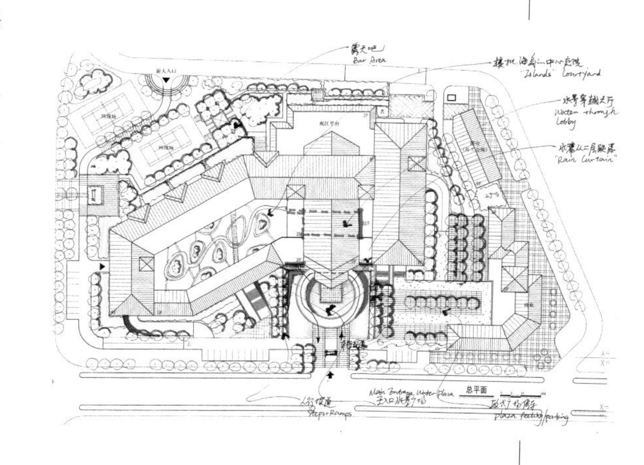

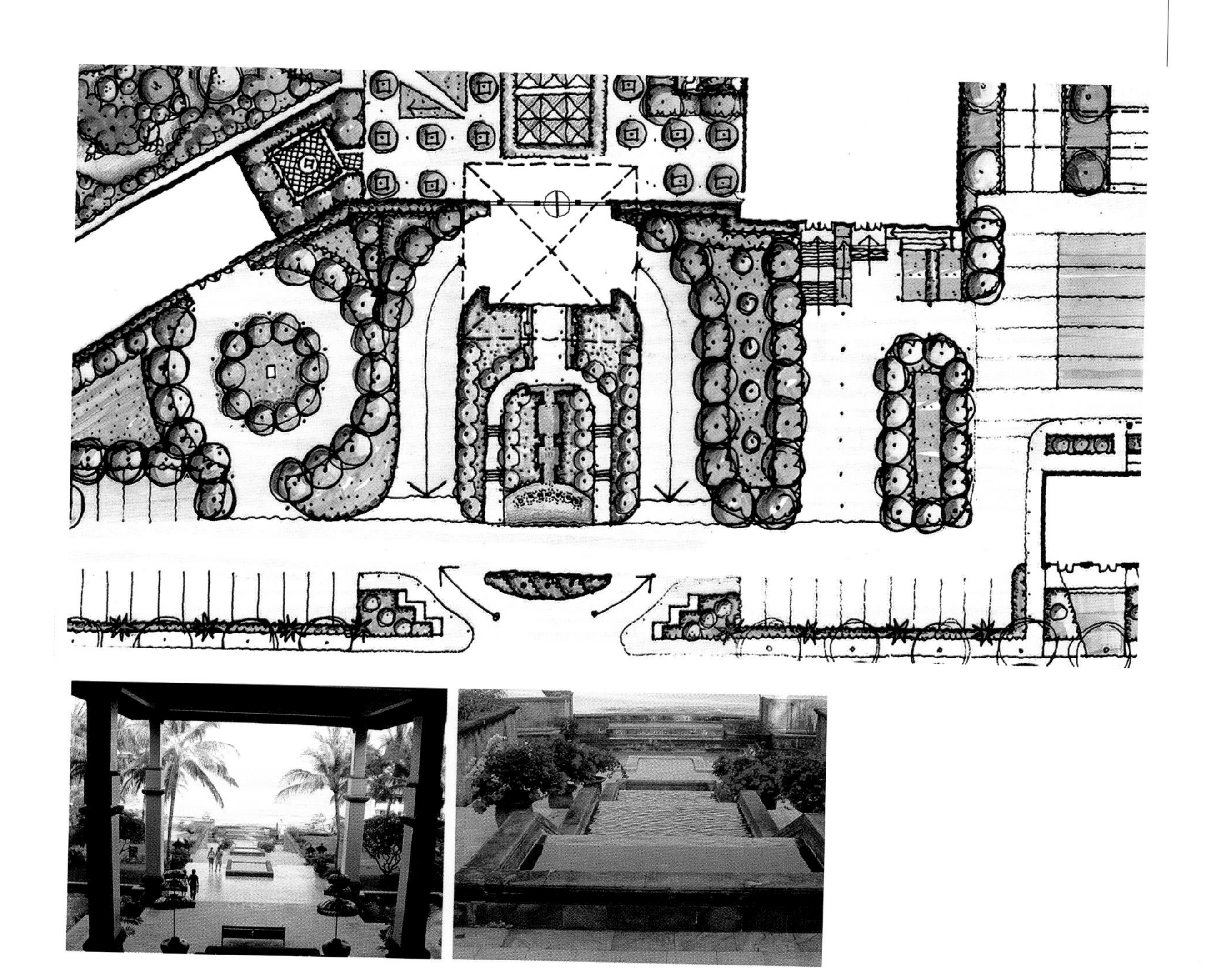

2.后花园景观区

（1）水景绿化。该区域建筑一侧底层功能为餐厅空间，景观设计需充分考虑建筑内外空间景观的相互渗透，丰富的水景设计能为餐厅营造良好的室外餐饮场所，配合绿化、涌泉增添酒店的度假氛围。

（2）休闲花园。设计最初考虑该区域设计网球运动场，可以面向小区开放，增加设施的使用率。但度假酒店对花园的需求可能超越对运动的关注，因此在此布局了休闲设施，创造丰富、宜人的游园空间，并将运动区域设置在小区和酒店连接的架空顶面区域。

（3）中心庭院。庭院是一个围合空间，四周建筑的功能关系、开口关系，以及建筑界面的界质是虚是实的关系决定了庭院的设计方向。综合建筑因素，设计考虑以静态观景为主、动态游园为辅的自然趣味庭院，又因庭院空间的相对独立性设计吸取了日式庭院的一些要素，营造别有洞天的空间感受。与大厅连接部分借用二层屋檐设计瀑布、室外茶座，另一端则考虑开口关系布局小型公共活动空间。

（4）沿街商业。沿街商业景观设计采用开放式人行道连续贯通，同时应考虑临时停车的需要，设计整体大气，植物种植要考虑保持商业视线的通达。

3.方案成果

该阶段的设计成果主要包括：总平面图、分析图（景观分析、交通分析、区块分析）、平面详图、剖面图、效果图、植物参考图等。

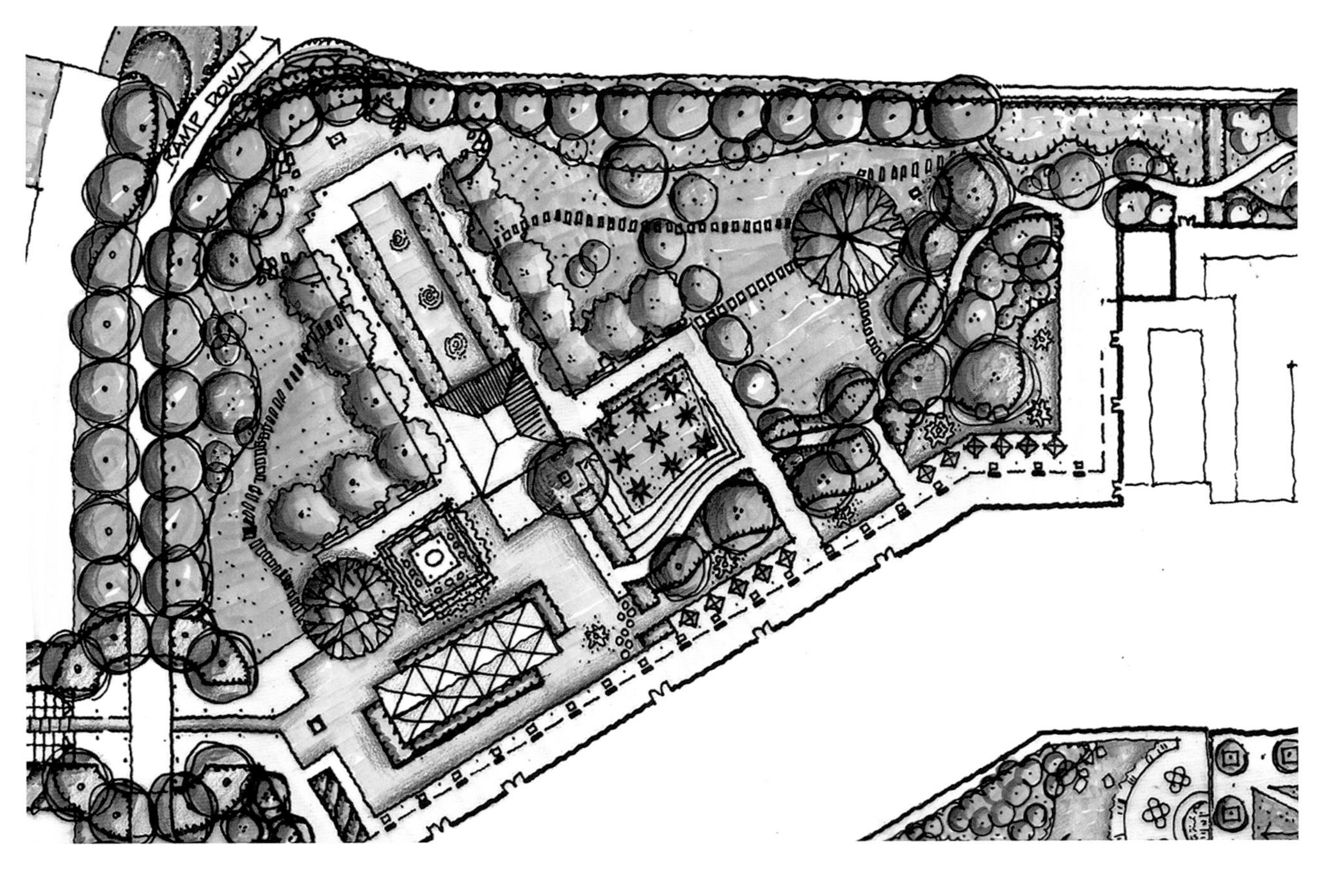
RAMP DOWN

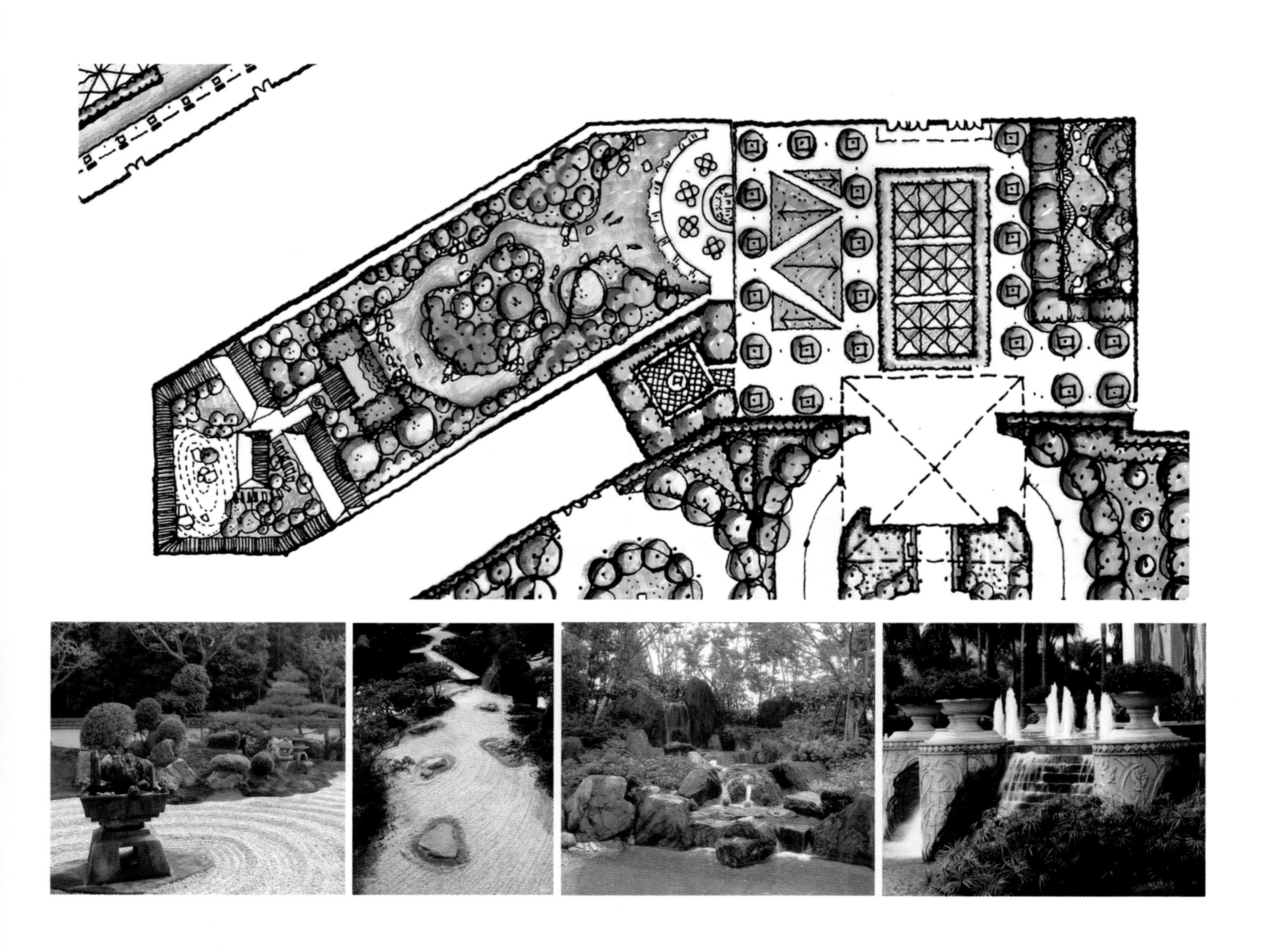

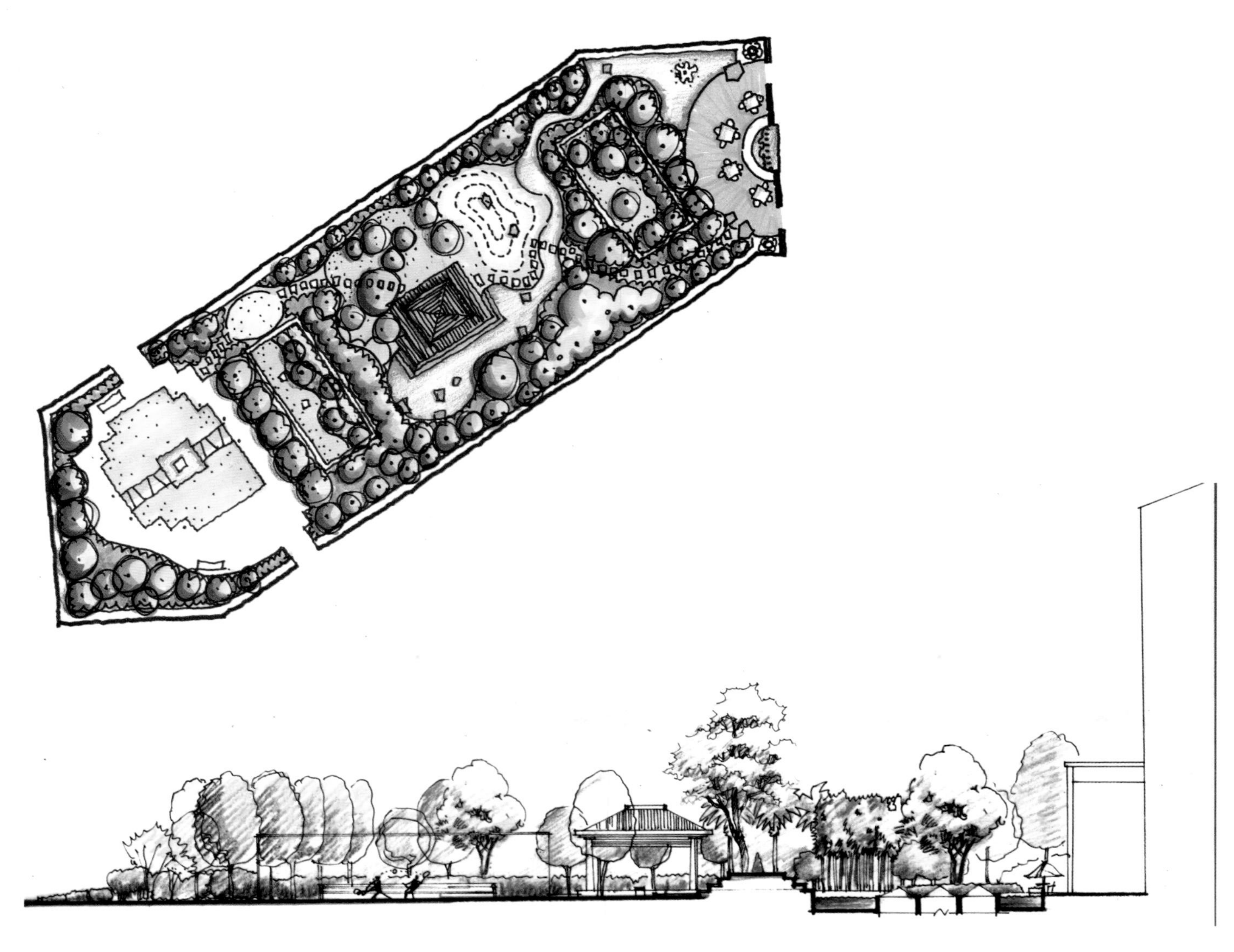

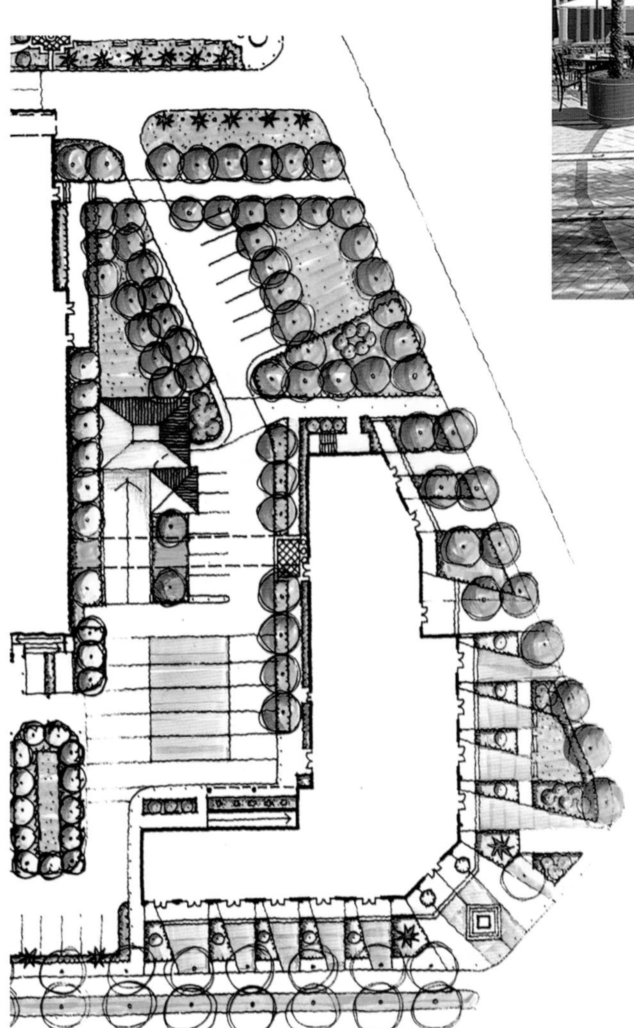

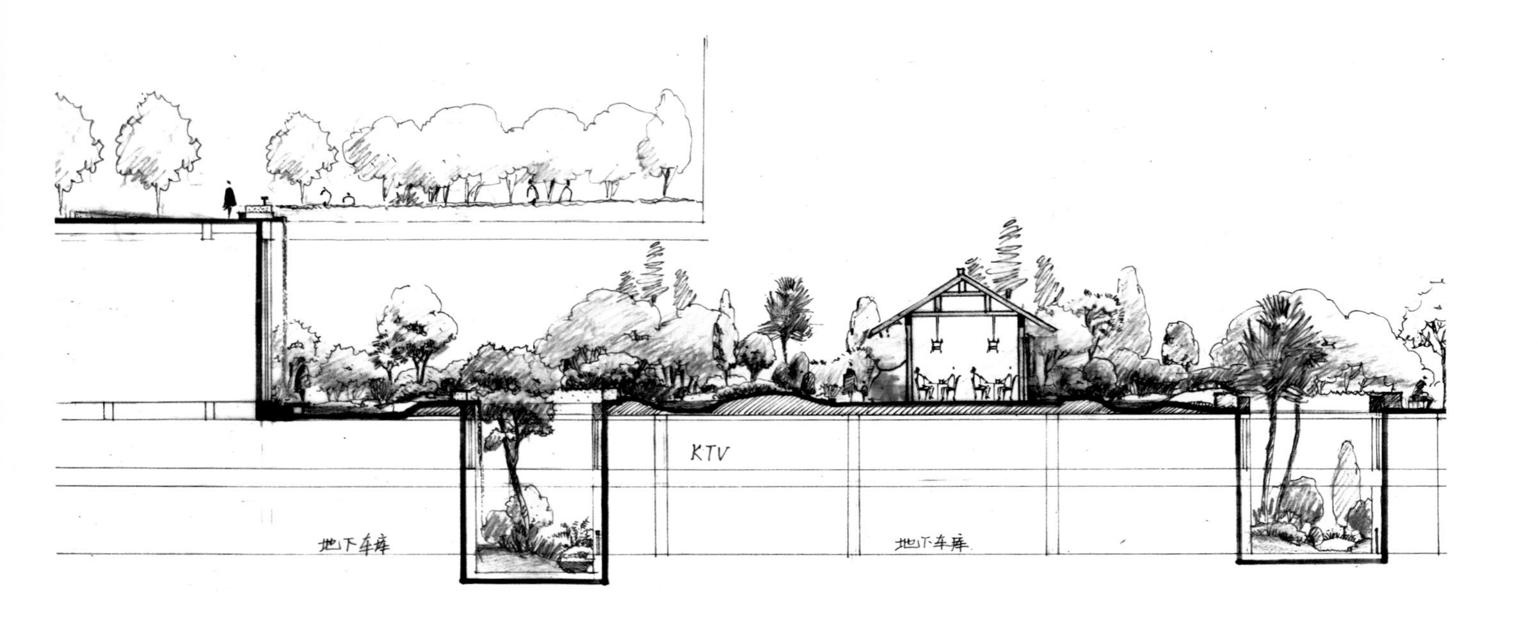
KTV
地下车库
地下车库

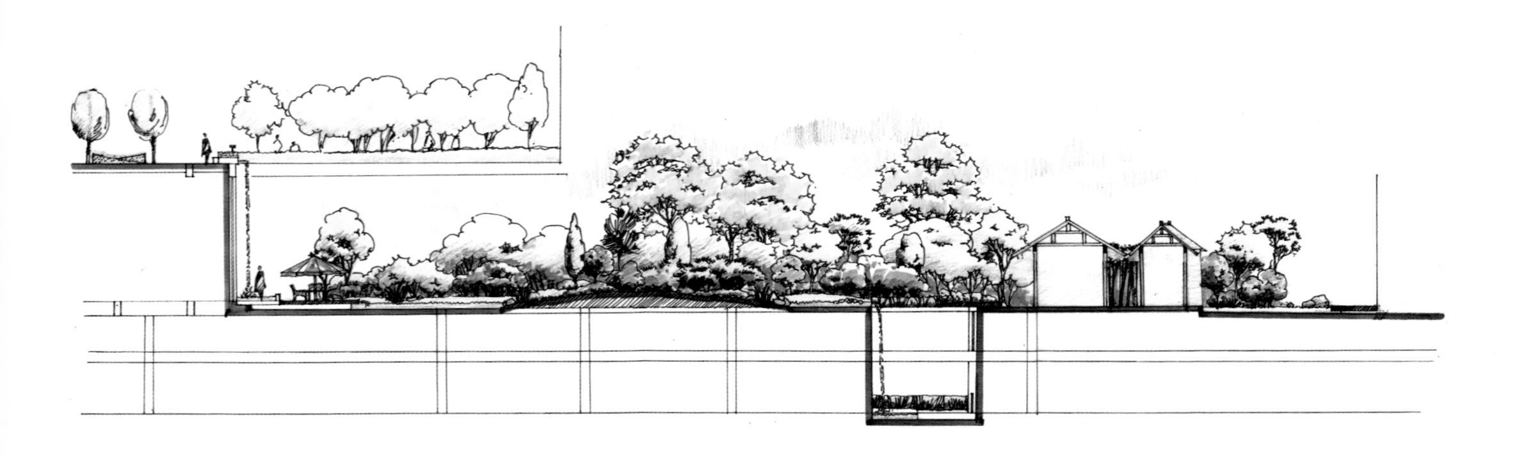

KTV
地下车库
地下车库

五、扩初设计

方案设计是将设计理念和具体的设计内容系统地呈现给业主。方案设计已经将本案未来大体的景观效果作了比较全面的表达，只要达成共识便成为后续设计实施的依据。扩初作为衔接方案和施工图的重要环节是对方案的进一步论证和深化。如果方案中有一些地方还不能确定，扩初必须加以明确，如果方案在细节部分还没有交代到位，扩初必须交代到位。同时扩初也是一个数据化的过程，为施工图阶段搭建基本框架。

本案扩初设计图纸繁多，加之本阶段基本延续方案的成果，现以点带面，通过局部区域的深化设计阐述扩初的基本思路。

（一）平面

扩初图纸通常采用彩图与黑白CAD图纸相结合的方式提交业主。对比方案平面，扩初图纸没有标注尺寸，但实际上因为扩初图纸是电脑绘制的已经具备比较详细的数据，包括道路的宽度、转弯半径、水体的宽度、绿化的间距以及竖向的台阶高度等，可以非常完整地呈现各细部的相互关系。

（二）主入口景观

1.平面尺寸定位

在这一步设计中非常重要的就是定型、定位。在丰富方案设计的基础上需认真考虑与周边道路、围墙、开口的关系，及时解决方案的遗留问题，并将各区段的详细尺寸以及城市坐标点标于放大平面，同时标明主要材料、树种等。

2.剖面做法与尺寸定位

剖面设计需与平面同时进行，对照解决问题所在。在竖向上考虑水体深度、围墙高度、植物高度、植物间距等细节，以及硬质景观的基本结构做法并标明竖向尺寸和材料。施工图只需细化每个节点即可。

（三）北入口水景

北区水景区域的图纸内容要求同上，细节处理见平立面详图，值得注意的是因本区域涉及地下车库，剖面应连带交代种植土、面层硬景观与车库顶板的结合关系，不留设计盲区。

（四）扩初成果

1.设计说明

（1）总平面图部分。

包括：总平面索引图、总平面定位图、竖向总平面图、灌溉总平面图、灯具及城市家具总平面图、乔木平面图、灌木平面图、种植苗木表等。

（2）放大节点详图部分。

包括：放大区块铺装、索引平面图、剖面图及详图、放大平面图及尺寸定位图、放大区块竖向图等。

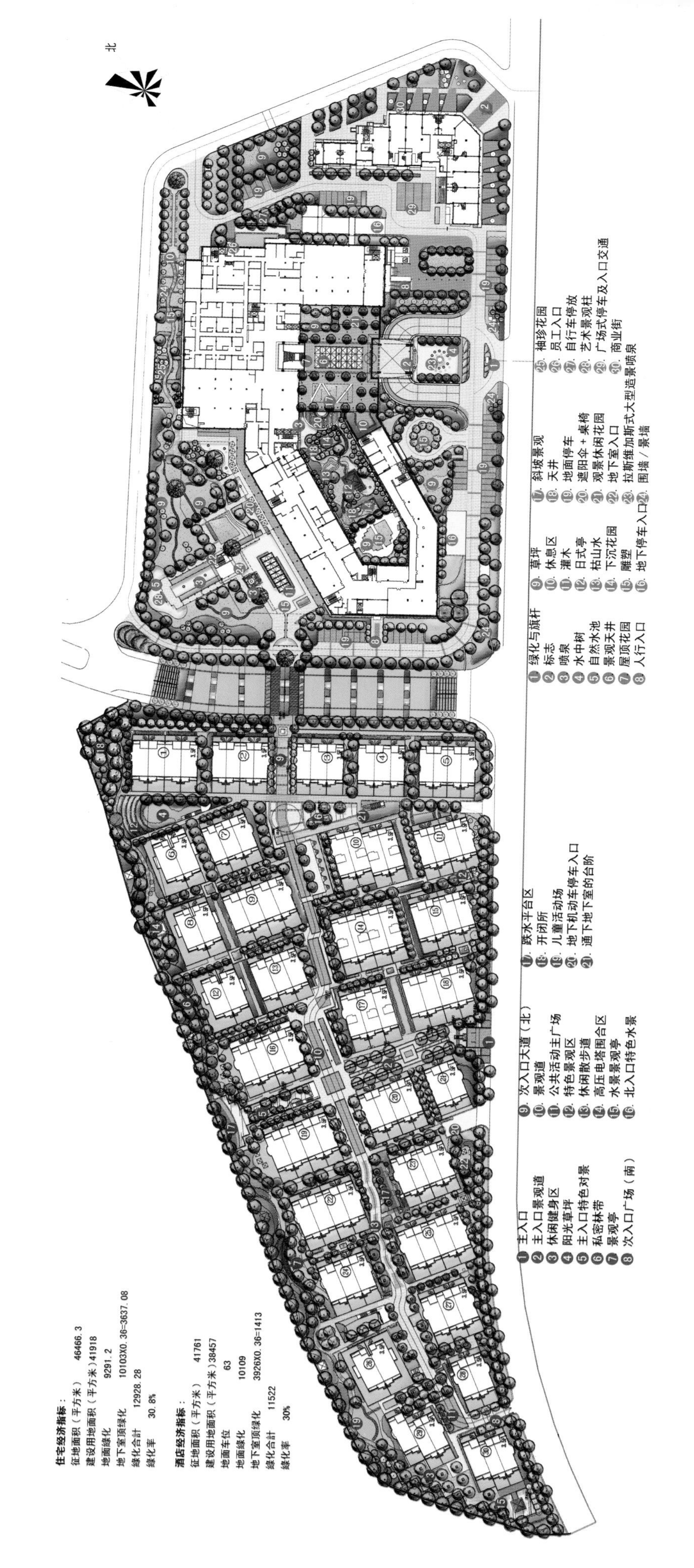

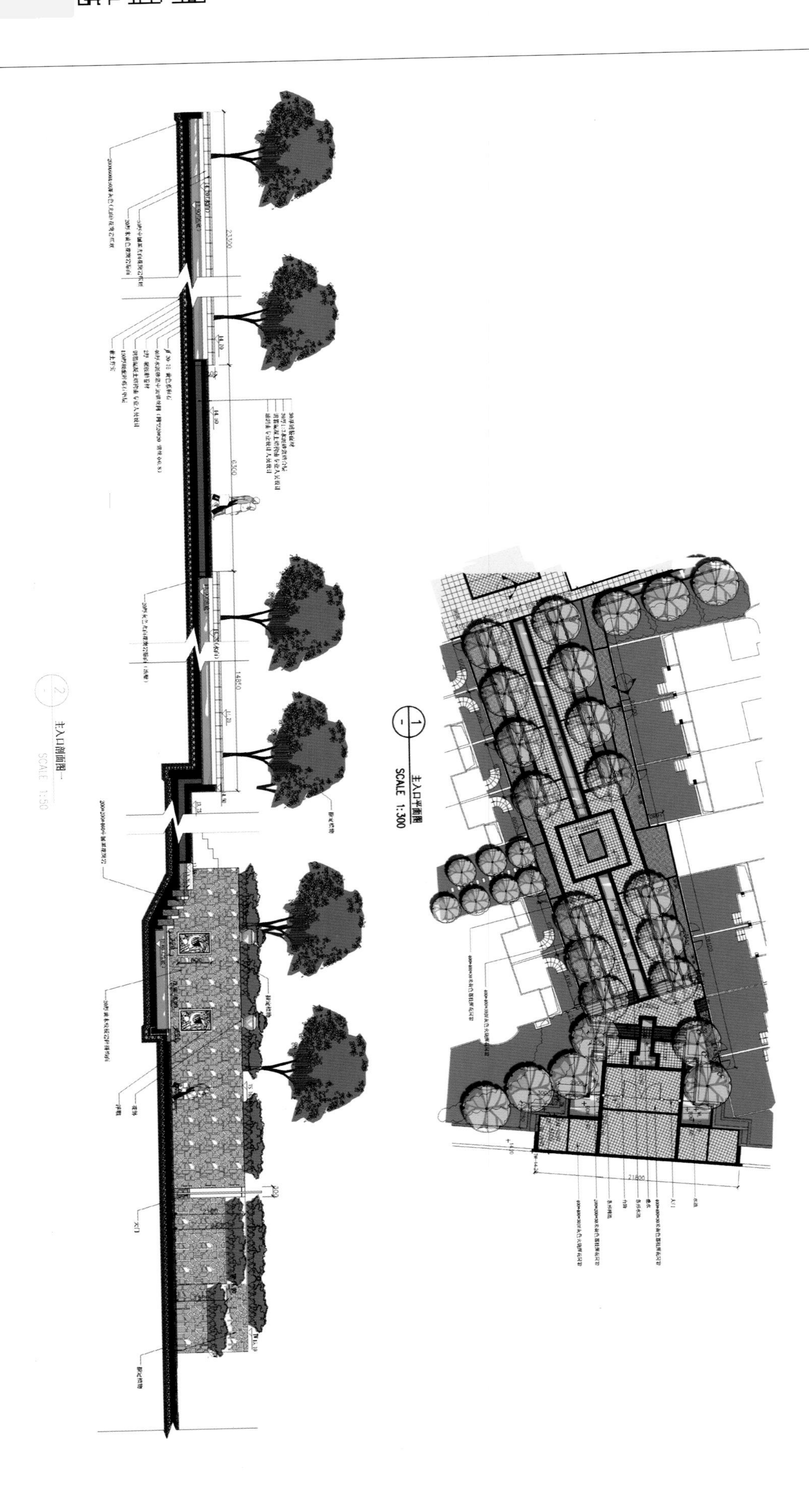
主入口平面图
SCALE 1:300
主入口剖面图一
SCALE 1:50

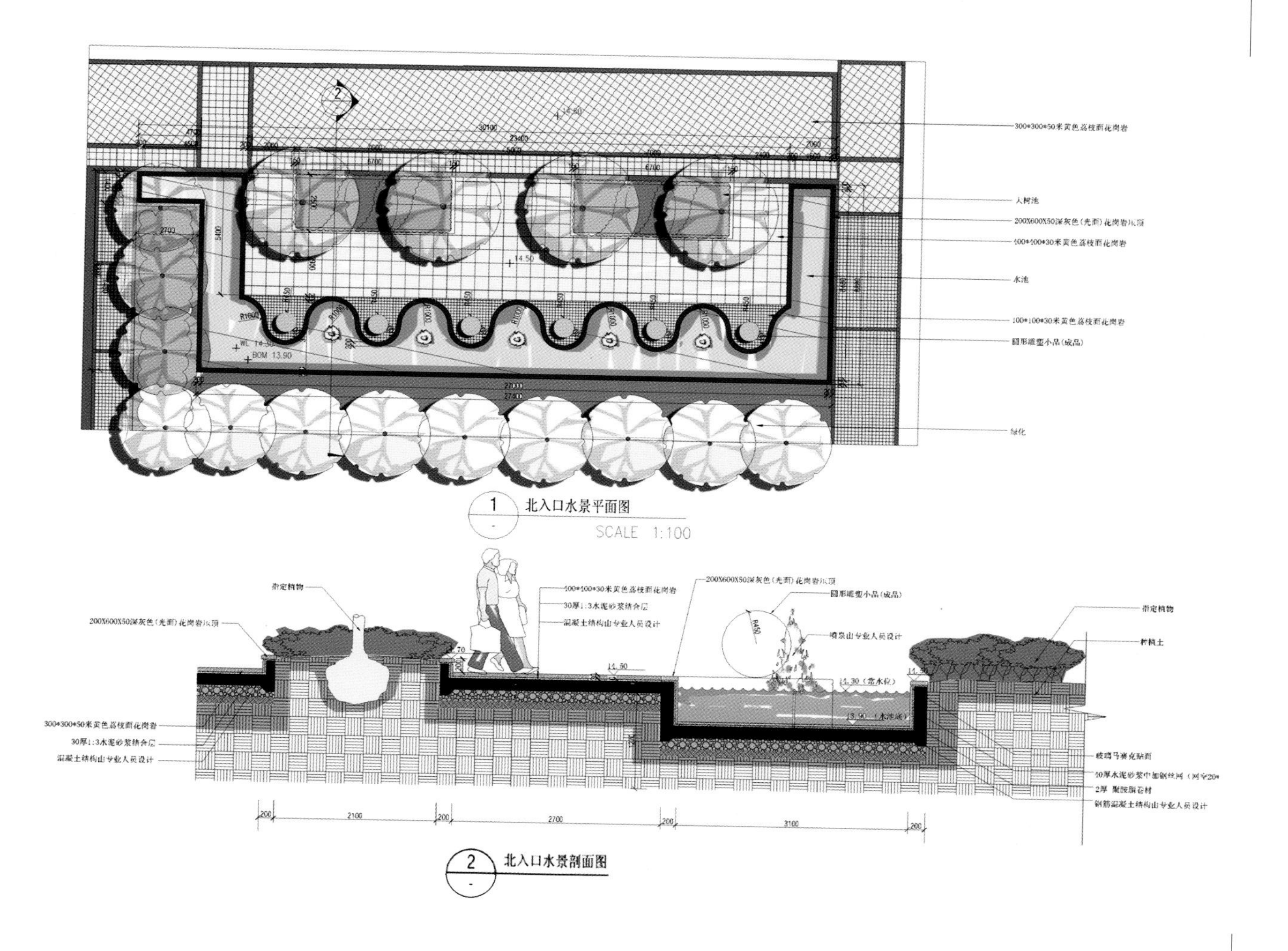

1 北入口水景平面图
SCALE 1:100

2 北入口水景剖面图

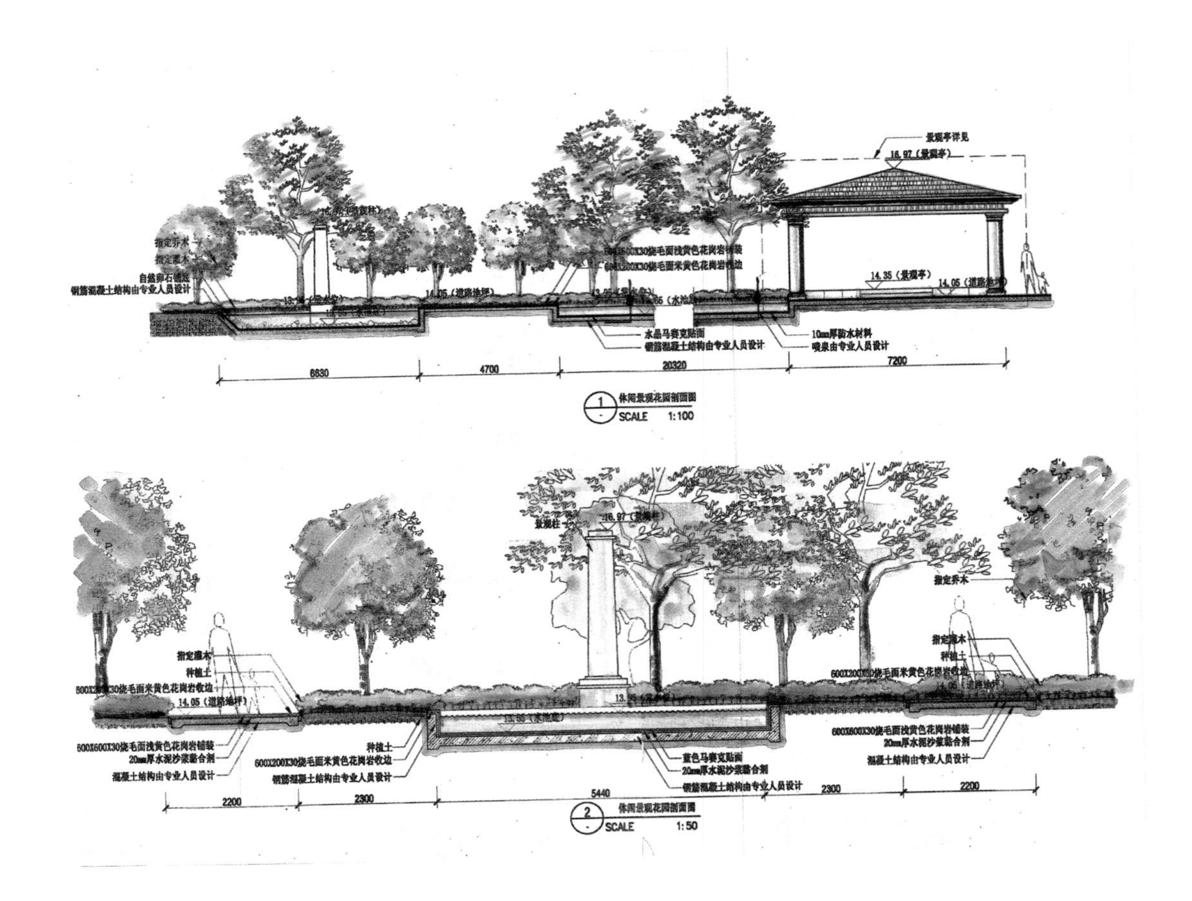
景观亭详见
16.97（景观亭）
14.35（景观亭）
14.05（道路地坪）
钢筋混凝土结构由专业人员设计
14.05（道路地坪）
水晶马赛克贴面
钢筋混凝土结构由专业人员设计
10mm厚防水材料
喷泉由专业人员设计
6630
4700
20320
7200
1
休闲景观花园剖面图
SCALE 1:100
指定乔木
指定灌木
种植土
600X200X30烧毛面米黄色花岗岩收边
14.05（道路地坪）
600X600X30烧毛面浅黄色花岗岩铺装
20mm厚水泥沙浆黏合剂
混凝土结构由专业人员设计
种植土
600X200X30烧毛面米黄色花岗岩收边
钢筋混凝土结构由专业人员设计
蓝色马赛克贴面
20mm厚水泥沙浆黏合剂
钢筋混凝土结构由专业人员设计
600X600X30烧毛面浅黄色花岗岩铺装
20mm厚水泥沙浆黏合剂
混凝土结构由专业人员设计
2200
2300
5440
2300
2200
2
休闲景观花园剖面图
SCALE 1:50

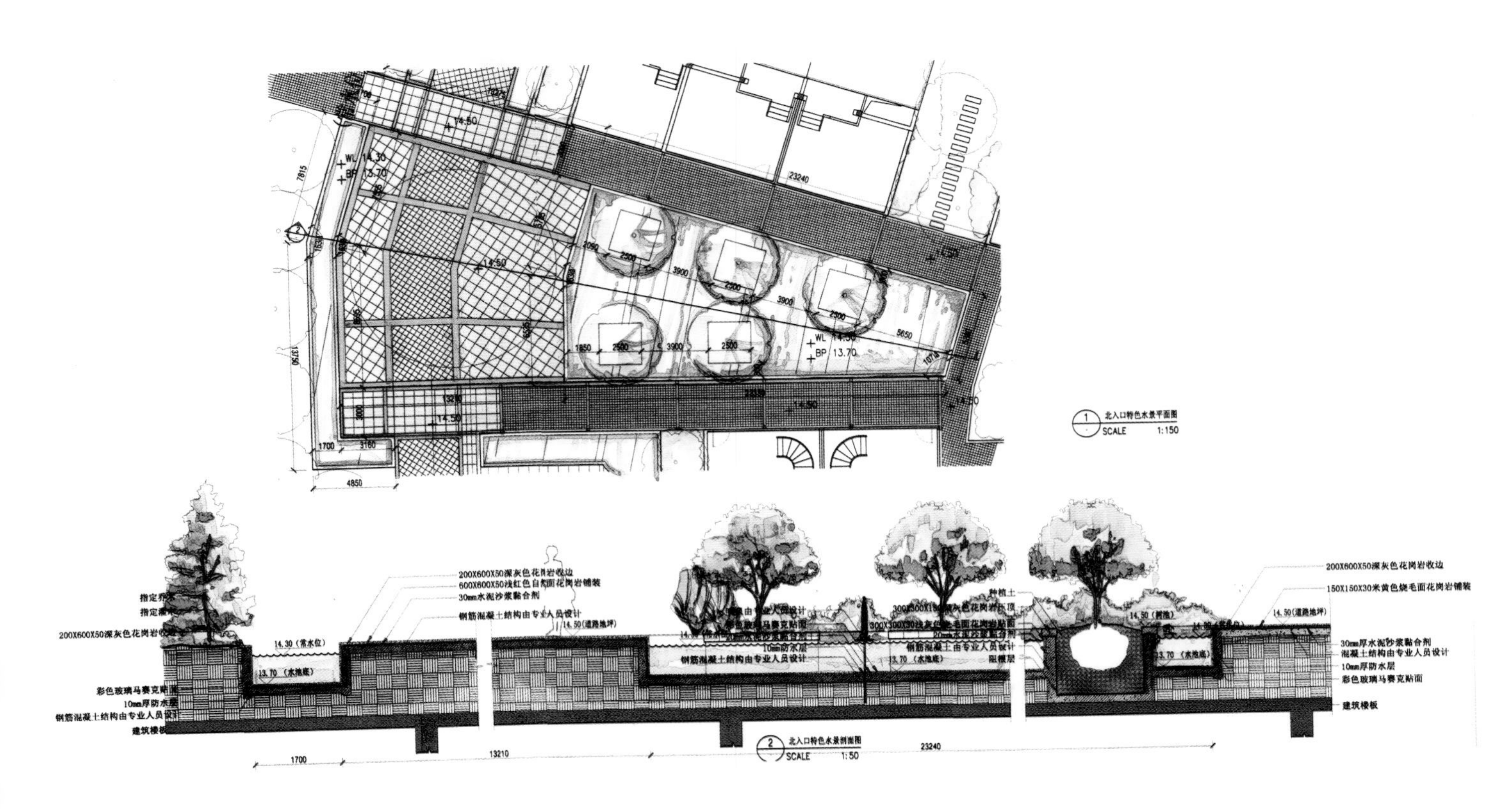
1
北入口特色水景平面图
SCALE 1:150
200X600X50深灰色花岗岩收边
600X600X50浅红色自然面花岗岩铺装
30mm水泥沙浆黏合剂
钢筋混凝土结构由专业人员设计
14.50(道路地坪)
指定乔木
200X600X50深灰色花岗岩收边
14.30（常水位）
13.70（水池底）
彩色玻璃马赛克贴面
10mm厚防水层
钢筋混凝土结构由专业人员设计
建筑楼板
10mm防水层
钢筋混凝土结构由专业人员设计
种植土
钢筋混凝土由专业人员设计
13.70（水池底）
阻根层
200X600X50深灰色花岗岩收边
150X150X30米黄色烧毛面花岗岩铺装
14.50（道路地坪）
30mm厚水泥沙浆黏合剂
混凝土结构由专业人员设计
10mm厚防水层
彩色玻璃马赛克贴面
建筑楼板
13.70（水池底）
1700
13210
23240
2
北入口特色水景剖面图
SCALE 1:50

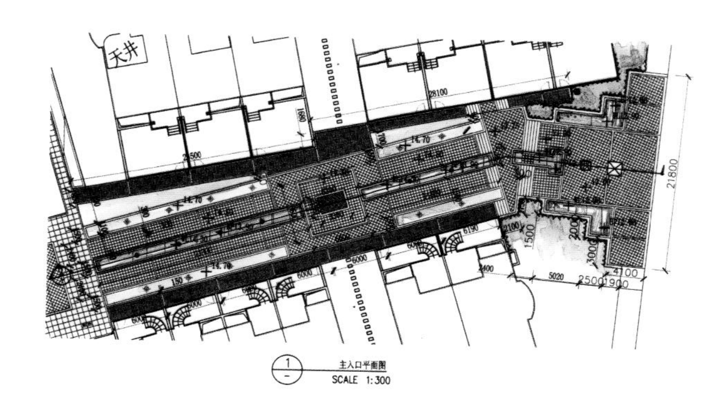

1 主入口平面图
SCALE 1:300

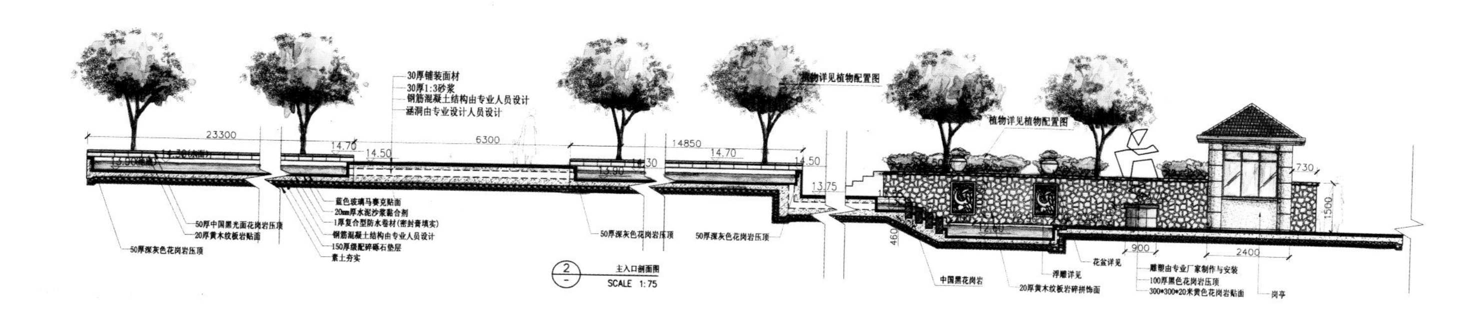

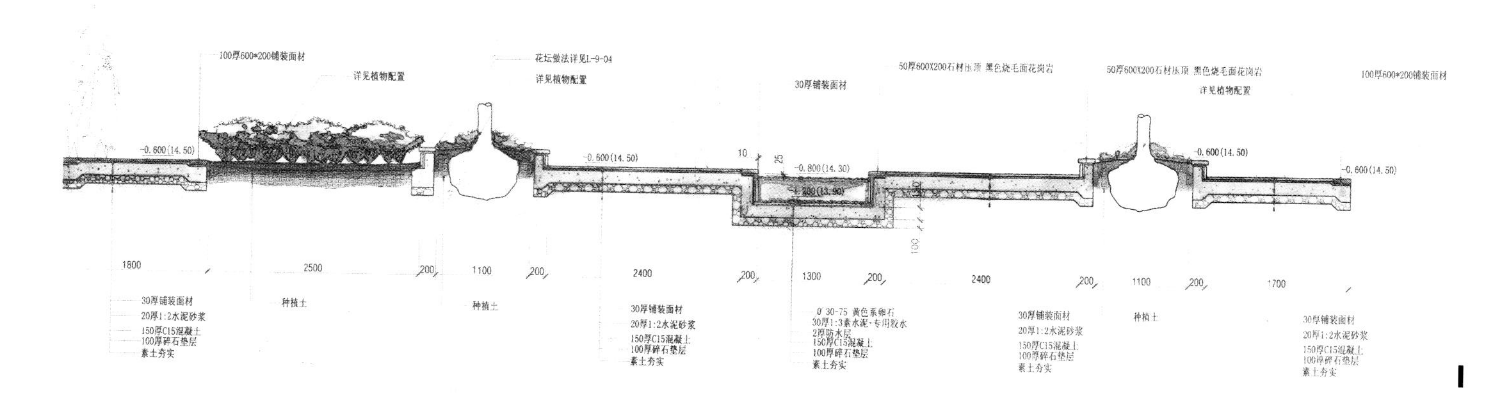

2 G-G剖面图
SCALE 1:30

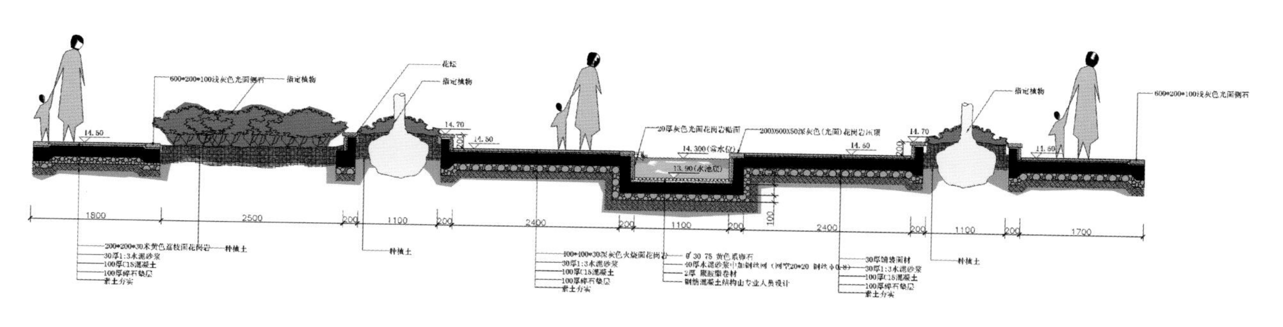

3 主入口剖面图二
SCALE 1:30

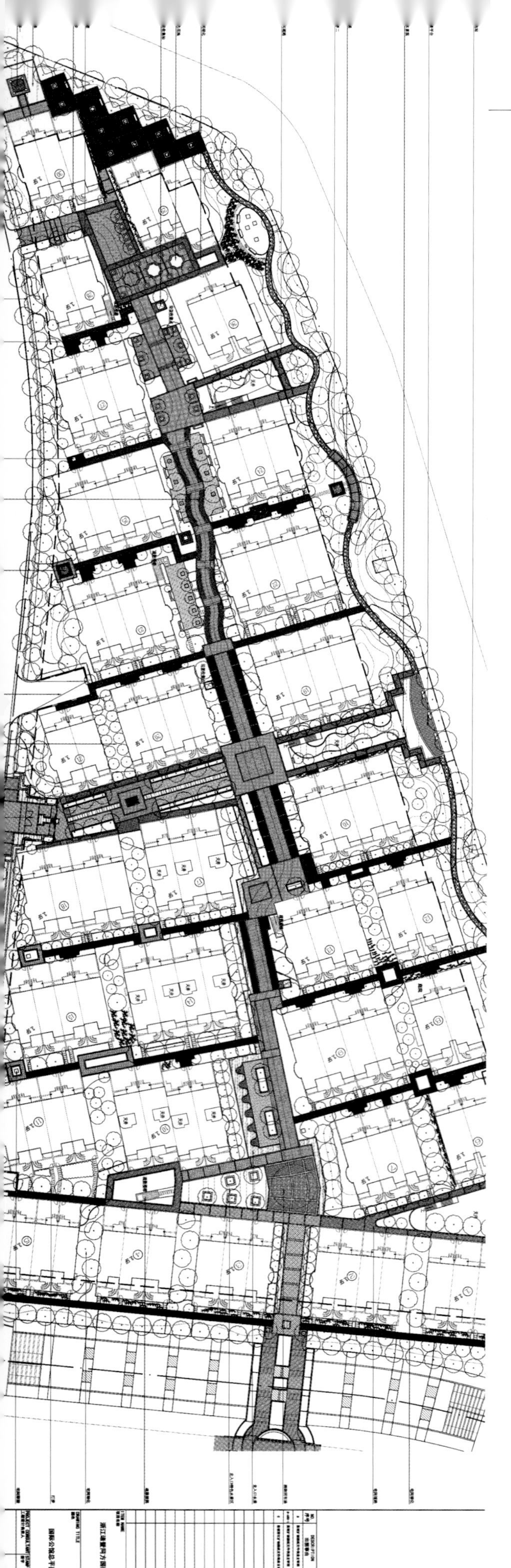

六、施工图设计

一般来说，经过扩初的设计，整个小区景观已基本定形，设计效果图也基本能够把握。但细节决定着设计的成败，施工图纸的细化程度，包括细部的处理恰恰决定了景观的最终品质。一个好的设计是需要认真、科学、严谨地对待最后的出图，当然还有很多不确定的外界因素，包括业主的配合和施工单位的执行程度在一定程度上都会影响着最终的效果。

设计的内容决定了施工图的质量，但施工图的细化程度影响着图纸的质量，现将施工图成果的基本框架列出如下：

1.设计说明

2.总平面图部分

这部分包括：总平面图、总平面索引图、总平面网格定位图、竖向总平面图、铺装平面布置图−A、铺装平面布置图−B、铺装平面布置图−C、铺装平面布置图−D、灯具布置总平面图、灌溉布置总平面图、酒店移动家具布置图、酒店移动家具网格定位图、乔木配置总平面图、灌木配置总平面图、绿化种植网格定位图和苗木表。

3.放大节点详图部分

放大节点详图包括：主入口铺装及索引平面图、主入口竖向及定位平面图、主入口剖面图、主入口正立面图、主入口节点详图、主入口景墙平面立面剖面图、主入口旗杆平面立面剖面图、主入口树池平面立面剖面图、钢构玻璃水瀑平面图、钢构玻璃水瀑正立面图、节点详图、主入口标志及涌泉水池详图、不锈钢玻璃栏杆详图、酒店娱乐区入口铺装及索引平面图、酒店娱乐区入口竖向及定位平面图、酒店屋顶平台铺装及索引平面图、酒店屋顶平台竖向及定位平面图、酒店屋顶平台剖面图、造型草坪详图、酒店中庭铺装及索引平面图、酒店中庭竖向及定位平面图、酒店中庭剖面图、水幕墙及木平台平面图、水幕墙及木平台剖面图、日式亭及木平台平面图、日式亭平面立面图、日式亭剖面图、枯山水索引及放样平面图、枯山水剖面图、透视意向图、水池汀步详图、中庭节点详图、雕塑基座详图、酒店与小区连接处铺装及索引平面图等。

4.水电部分

水电部分包括：给排水设计说明、给水设计平面图、水景花园水池给排水设计平面图、中庭及主入口水池给排水设计平面图、水池水处理流程示意图、水景花园水池喷泉给水详图、电气设计说明及系统图、电气设计平面图、典型排水沟详图、排水沟详图、手动灌溉安装图、柱灯基座详图等。

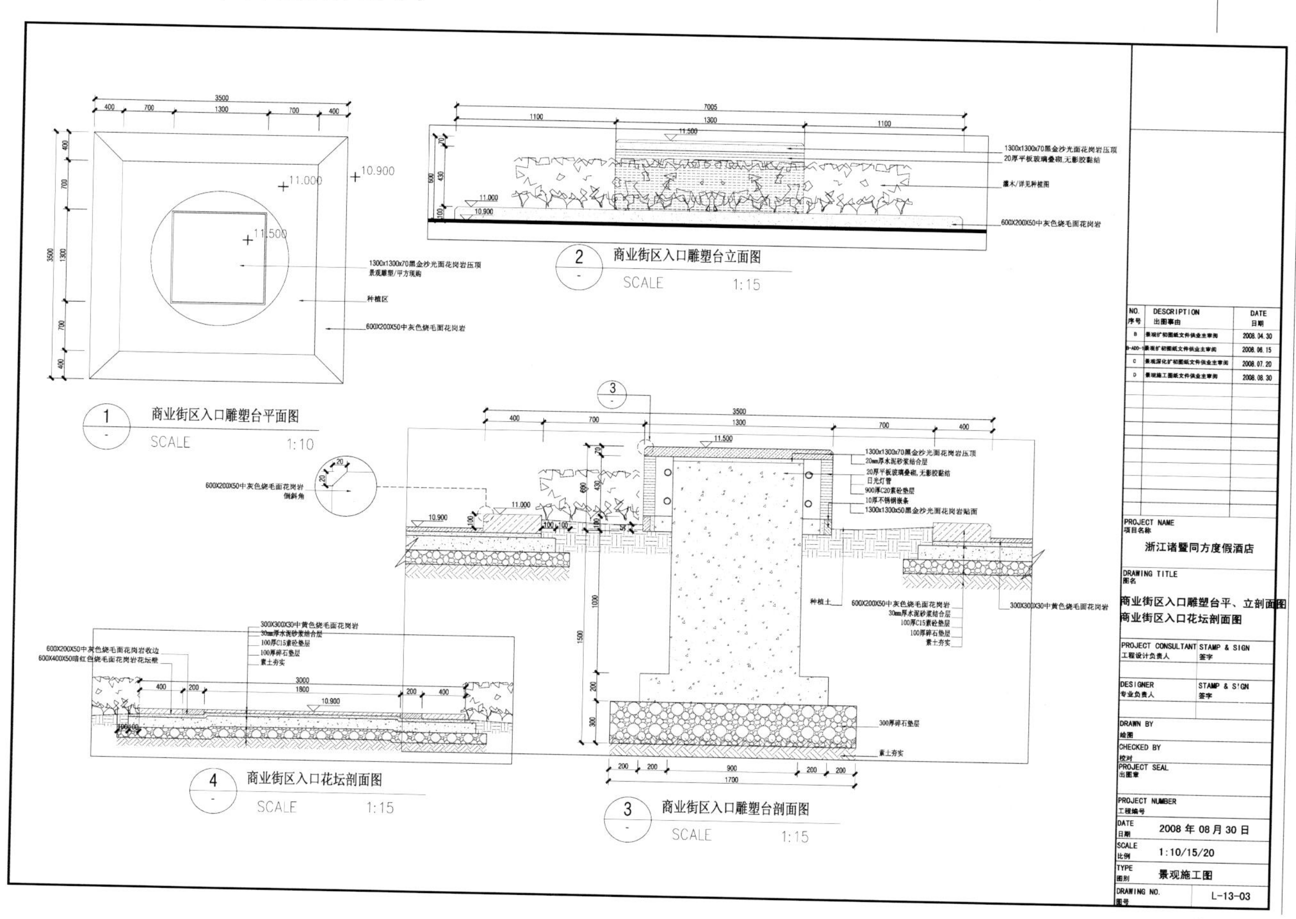

【项目二】某居住小区景观设计

一、项目地理位置及现状

本项目地块位于某南方城市的西北部，用地呈不规则五边形，地块规划为以高层、小高层、多层、叠排和情景洋房等多种住宅组团相结合的现代住宅小区。地块可建设用地面积约为10.35公顷，建筑密度16.0%，绿化率43%，整个用地地势平坦，平均高程仅2.5米左右。

地块周边现有小区密集，居住氛围成熟，配套设施基本完善，附近的森林公园可以满足人们生活中临近大自然的愿望。

原有鸟瞰图

二、设计理念与构想

在进行景观规划的过程中，前期通过对自然资源、消费群体的分析和当地市场的了解，借“艺术、时尚、休闲、健康”的主题产品来适应主流大众市场的定位思维。

（一）设计理念

景观设计旨在创造出简洁合理，具有实用性，能够吸引不同年龄层次兴趣的景观居住使用空间，建设一个时尚、休闲、健康的生态社区。社区的设计以休闲性、艺术性为主线，将时尚文化与居住文化相融合，强调人类的健康与和谐。

因此，小区景观设计重在运动与交流空间的营造，把现代艺术融于自然中。“时尚的园林，生态的休闲”是都市人的想望之处，它叠加了休闲生活方式、理想人居环境、精神与自然的接触，在艺术休闲中形成人与人的交流、人与自然的交流，营造出小区中各个极具观赏性的景观区，提供给住户最大限度的室外活动且又优美的景观场所。

（二）设计构想

主题思想：强调艺术性、健康性、舒适性、共融性；强调以人为本，家家有景，景观的时间顺序依次展现。

设计规划一条中央景观带贯穿小区内不同的情景空间，并设立多个特色主题组团花园以体验到不同的艺术氛围。通过中心广场式景观和中心绿地的串联，把各个各具特色的景观园分散到每幢楼宇之间，使每个组团环境具有独特性、可识别性，全方位营造出家园的归属感与亲切感。

三、景观规划设计

（一）空间布局

一轴、一心、一环、一绿带、多组团。

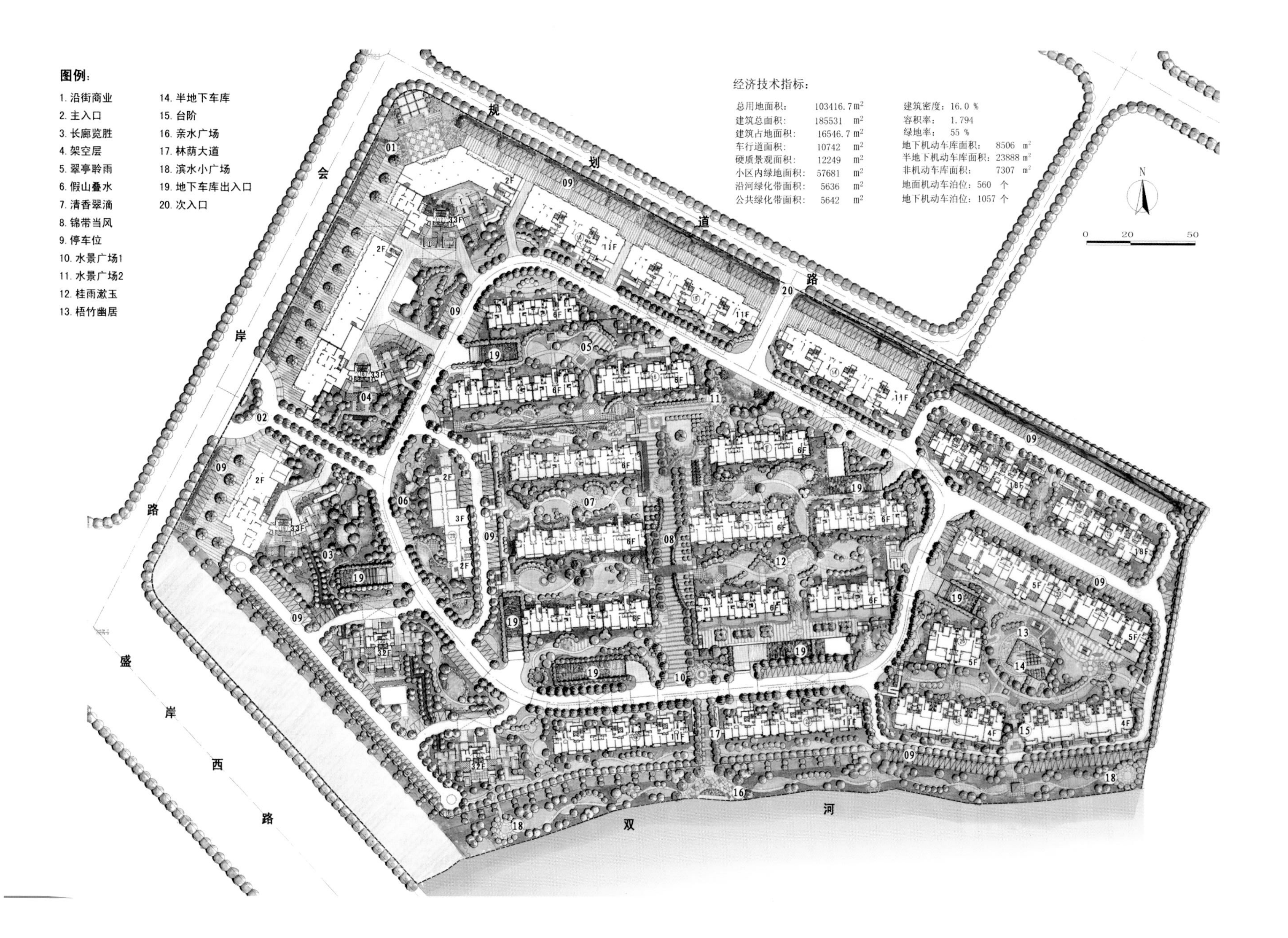
图例:
1. 沿街商业
2. 主入口
3. 长廊览胜
4. 架空层
5. 翠亭聆雨
6. 假山叠水
7. 清香翠滴
8. 锦带当风
9. 停车位
10. 水景广场1
11. 水景广场2
12. 桂雨漱玉
13. 梧竹幽居
14. 半地下车库
15. 台阶
16. 亲水广场
17. 林荫大道
18. 滨水小广场
19. 地下车库出入口
20. 次入口
经济技术指标:
总用地面积: 103416.7m2
建筑总面积: 185531 m2
建筑占地面积: 16546.7 m2
车行道面积: 10742 m2
硬质景观面积: 12249 m2
小区内绿地面积: 57681 m2
沿河绿化带面积: 5636 m2
公共绿化带面积: 5642 m2
建筑密度: 16.0 %
容积率: 1.794
绿地率: 55 %
地下机动车库面积: 8506 m2
半地下机动车库面积: 23888 m2
非机动车库面积: 7307 m2
地面机动车泊位: 560 个
地下机动车泊位: 1057 个
N
0 20 50
规划道路
会岸路
盛岸西路
双河

1. 一轴

景观主轴从基地中央贯穿南北，视线通透，主轴北面斜向与车行次入口相连；南面向双河延伸，处在与远山的视线走廊上，远眺森林公园。该区景观形态在保持南北贯通，形成壮观、大气的轴线感的同时，设计注重丰富、生动的视觉效果。

2. 一心

小区景观核心区宽20米，是规划中的核心构图元素，它将A、B两块半地下车库的分隔带从形象上连成一个整体，在功能上连接东西组团人行通道，承担起南北消防车的通行。由北至南依次可分为四个部分：

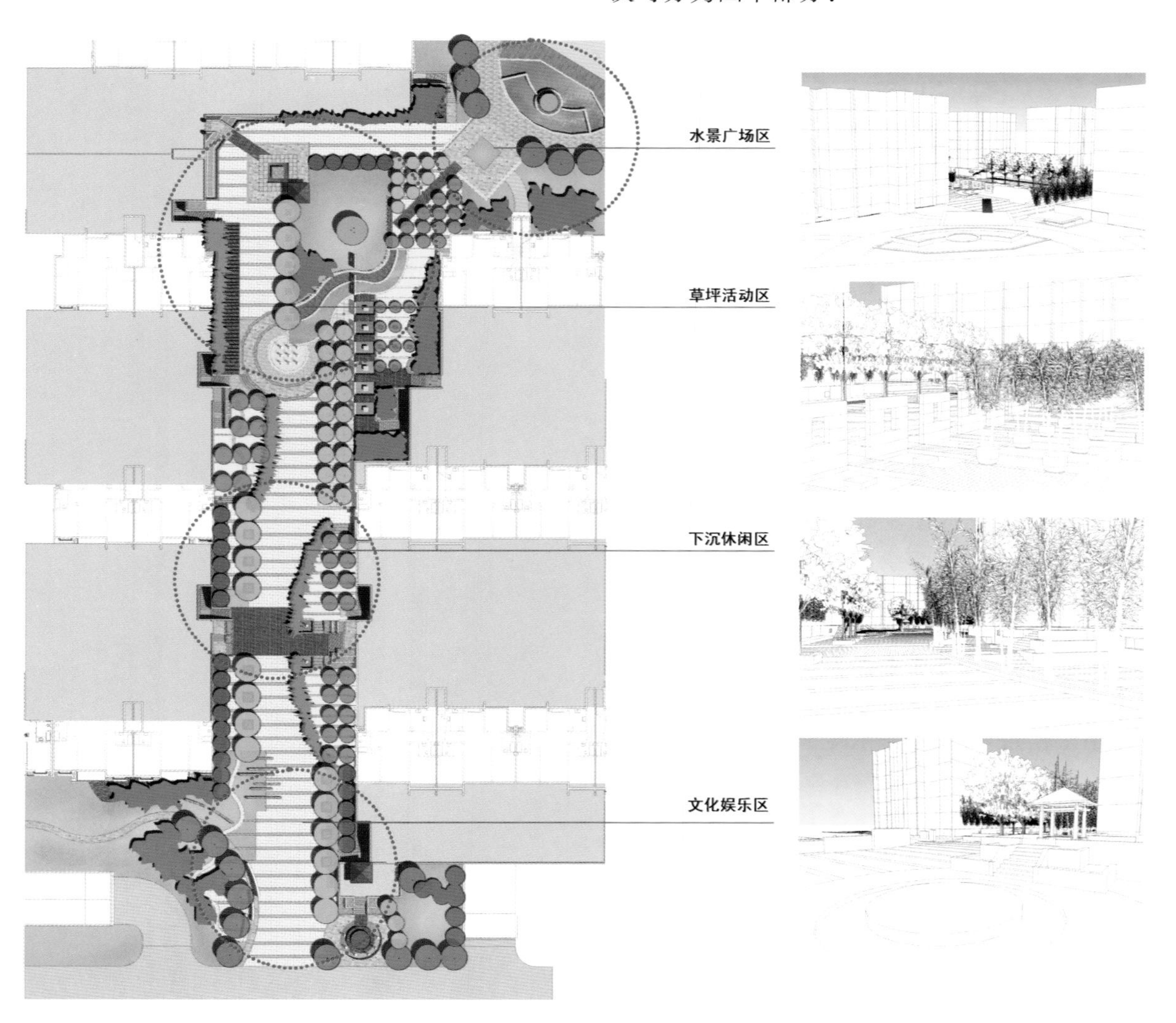

第一部分为入口空间。半圆的入口空间，草坪堆坡而上，通过特色绿化逐层叠加，配以矮墙挡土，以呼应南入口景墙，在空间层次上凸显丰富变化。广场地面的铺装，采用艺术图案拼接，沿广场种植景观树种如桂花，视觉上形成满目苍翠，嗅觉上体味秋之花香。

第二部分为草坪活动区。从现代“以人为本”的理论和设计经验得知，人们更喜欢以人性化、多功能、可用性小空间和正式广场相结合的形式。本着这条原则，在满足消防、人流、集会交流等功能的前提下，园区内为不同人群设置了功能性活动空间。该区主体设计为大草坪，主要做观赏和自由活动之用。南端为草阶围合，波浪的线条增添不少的浪漫感觉，艺术景墙横穿这些线条，构成长长的视觉廊道，艺术墙周围设置木地板和方格水池；东面有专为老年人和文静的青少年设置了以“竹雨清风”为主题的小游园；西面为学龄前儿童及陪伴他们的父母、老人们设置了游戏活动场所——“动感世界”为主题的旱喷泉，营造出一份亲切感。此区还设置了景观亭、木廊架叠水阶梯，为多方位的空间景观观赏提供丰富的层次。

透视图A | 局部鸟瞰图

透视图B

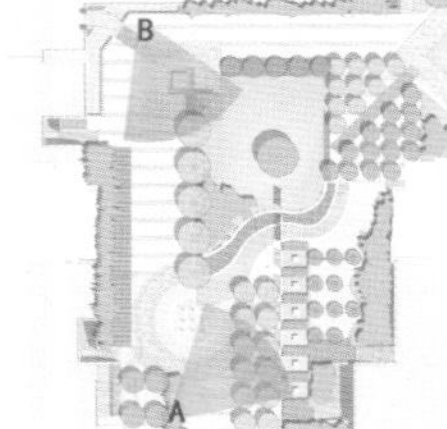

第三部分为下沉休闲区。下和上的相对概念，在此予以放大。利用弧线相背的构图，充分留足消防需要后，将场地做下沉处理，两侧圆弧与车库墙体围合部分均下降60厘米。圆弧部分设置种植槽，种植绿竹，让空间具有隐约的通透感。一条木地板铺装，由西向东将两个车库的台阶相连，下沉广场由木地板平台两侧台阶进入，在人行路线上更趋合理和安全。下沉空间沿台阶设置水景，再次将水的文章延续。广场的下沉处理手法一方面丰富了空间营造，另一方面使整体环境的氛围趋于休闲，简洁的线条时尚而艺术。

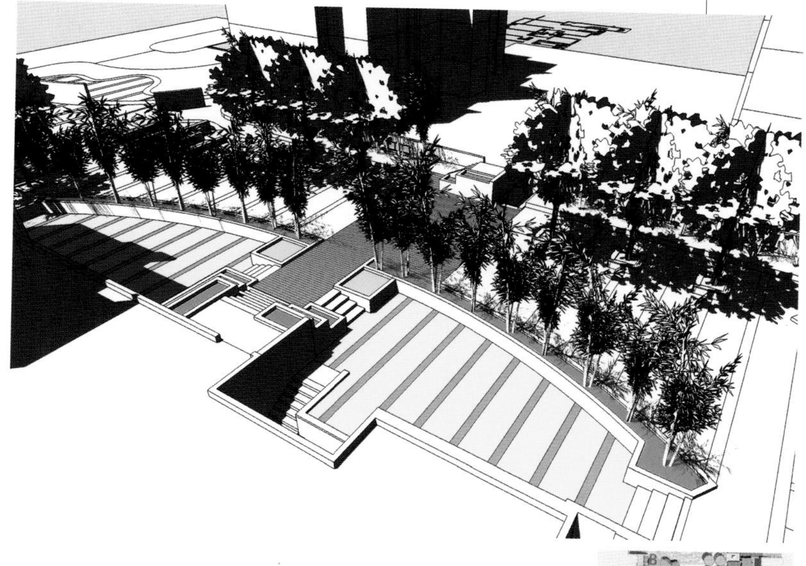

透视图A | 局部鸟瞰图
透视图B

第四部分为文化娱乐区。艺术景墙与条石的错落分布的布置方式，不仅在空间上呼应北面草坪活动区，而且让艺术与文化、生态与休闲无处不在，传达一种时尚的不定性和艺术的细致入微的气息。在该区东侧与景墙相对的位置，设置一个大平台与B车库相连，安放景观亭，作为水景天地的呼应；设置小型水池和叠式花坛，既是主轴上的一个停顿，也作为一个起点继续向南延伸，更是由沿河轴线到中心景观的视觉焦点。

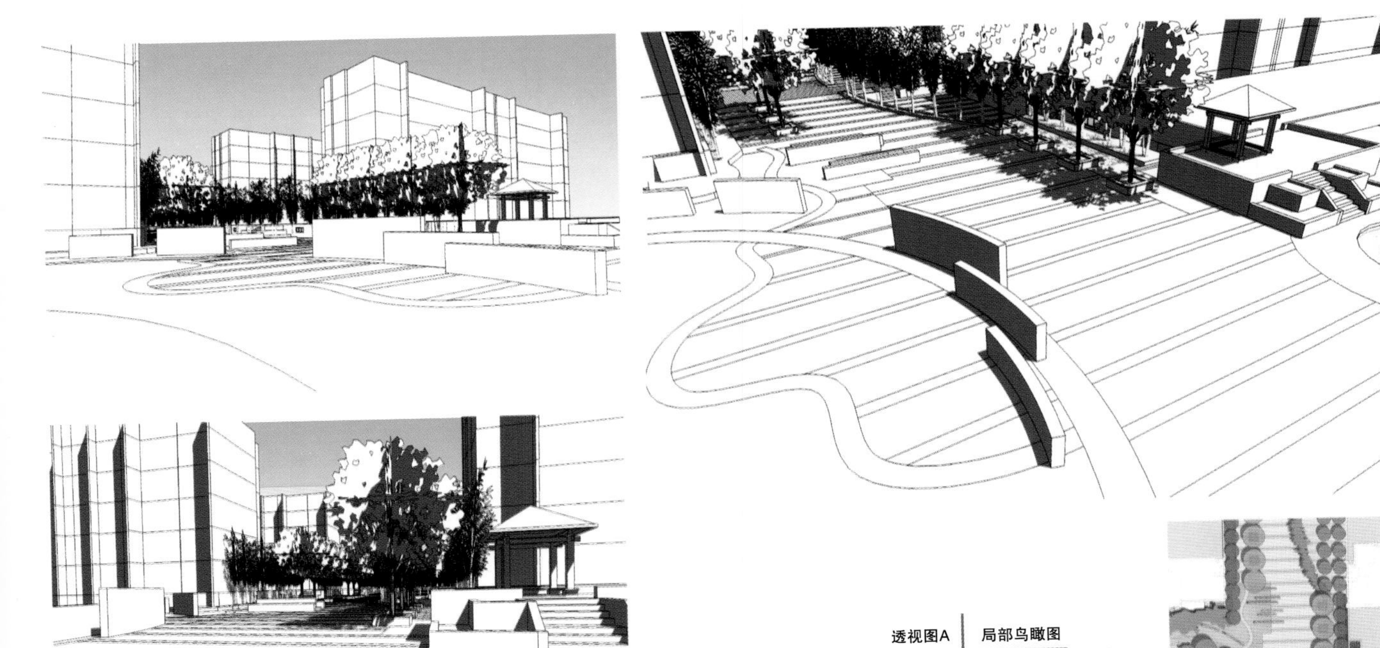

透视图A　局部鸟瞰图
透视图B

3.一环

指小区环行车道。小区实行人车分流的主要车流通道，以交通为主，兼顾停车和景观。

4.一绿带

沿双河和盛岸西路的绿化带。

5.多组团

多个宅间绿地景观节点构筑成主次分明、特色鲜明的小区空间。

建筑单体间的花园庭院在设计时考虑到建筑与地下车库出入口的关系。以软性的草坪、灌木和树木等植物景观为主，点缀一些硬质景观小平台,同时充分考虑到消防车道的环通。

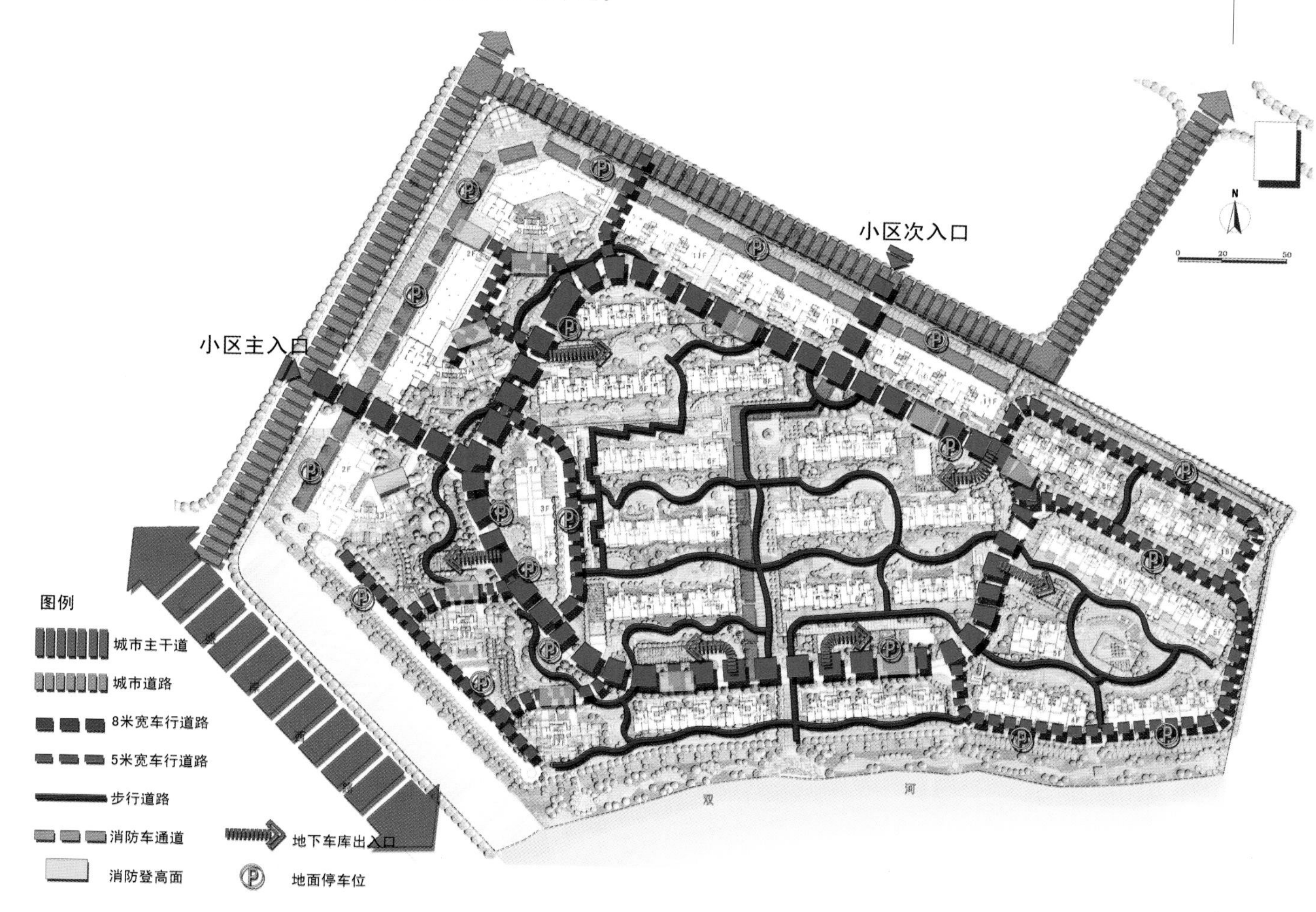

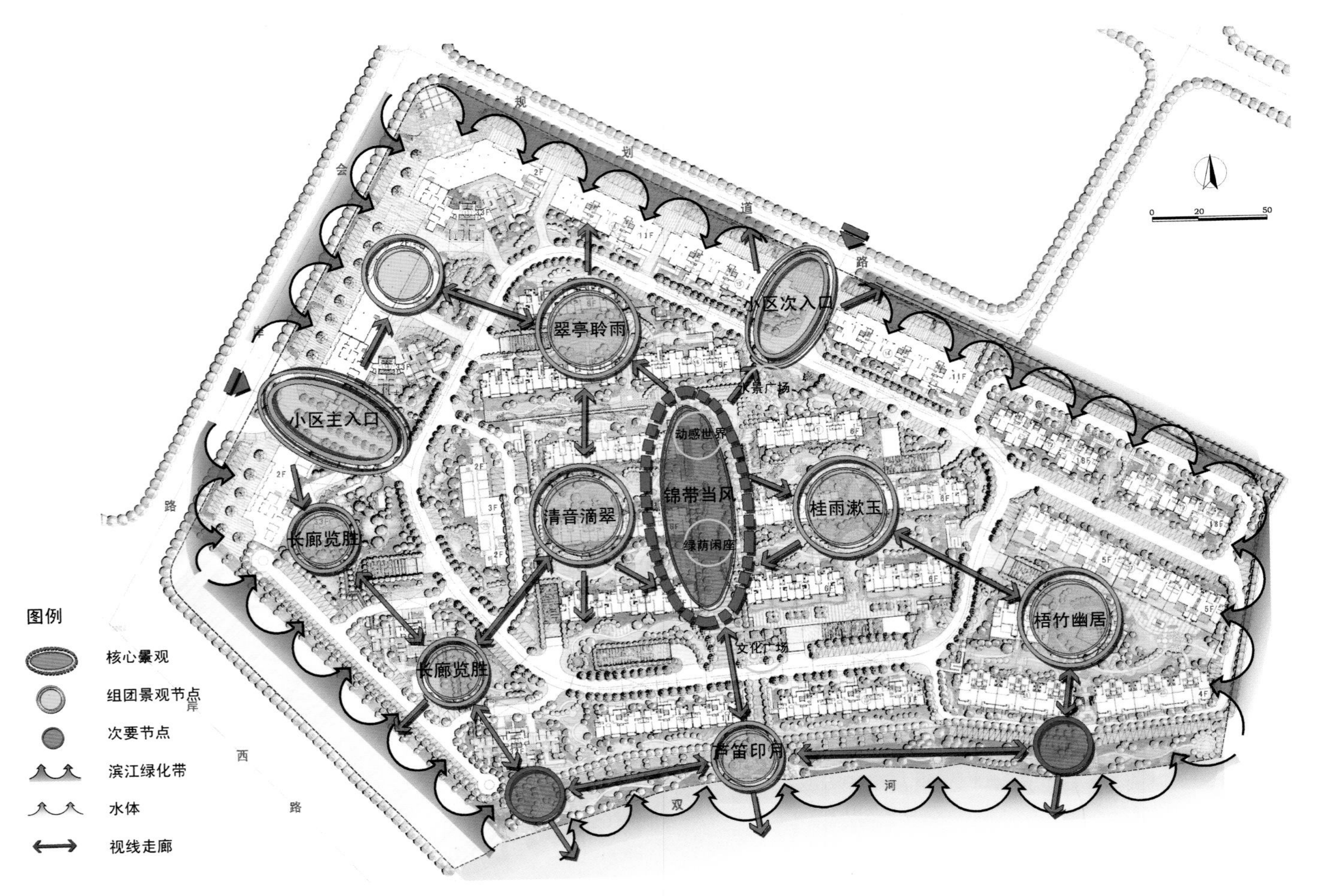

（二）景观节点分布

节点1：入口景观

弧形的入口广场对进入小区的人流、车流形成欢迎之势，让住户回家有归属感。简洁的入口交通，便于出入频繁的车流和人流进出。主入口大门设计风格简洁大方而不失细节，中间绿带将入口分为双向道路。两边种植乔木，突出入口处的纵深感，会所前主景观成为该社区的形象标志，其造型与建筑风格的融洽结合，为主入口增添了强大的视觉冲击，幽静的氛围给人以归属感，营造出良好的社区形象。

节点2：长廊览胜

该组团位于19号楼到21号楼间，景观设计考虑架空层与外部环境的相互融合、整合，设计成有一处交流、休憩、活动的公共活动空间，以软质景观为主，人文景观和植物景观遥相呼应。种植具有观赏性的各类乔木和绚丽夺目的花灌木，木构花架穿行其中，为架空层之间连接起了绿色通道，人们漫步其间，品味蕴涵寓意的雕塑小品，让心灵和精神得以放松净化。

节点3：翠亭聆雨

该地块位于半地下车库A上北角区域。景观设计主要表现出景点之间的有机联系，以园路为主线，形成明显的景观序列，贯穿整个组团。其中每个景点相互呼应，相互衬托，同时又各具特色，相辅相成，相得益彰，使整个组团景观形成一个有机整体。同时充分利用声音、色彩、质感等景观要素营造丰富多彩的组团景观特色，力求景观在统一、和谐的基础上有丰富的对比与变化，营造组团景观的可识别性。

节点4：清音滴翠

该组团位于半地下车库A上南角区域。园路曲折蜿蜒，交叉环绕，形成有大有小、有放有收、有宽有窄的草坪。景观贯穿其中，形成不同风格、各具特色的园林景观，整体构成了组团统一、和谐，又有丰富变化的特色景观，极大地提高了小区的格调和品位，同时为业主提供了高品位、休闲的居住环境。

节点5：桂雨漱玉

该组团位于半地下车库B上区域。根据住区人群的综合特征及比例来组织分区，做到布局合理，人行流动方便，保证景观节点之间的联系性。每一节点又通过其功能的不同突出个性，每组宅间景观通过绿化配置的不同增加组团间的可识别性，在整体中求变化，在变化中求统一，在张扬个性的同时不失和谐，营造出四季有景、老少皆宜的住区氛围。

节点6：梧竹幽居

该组团位于半地下车库C上区域。该景观组团有较强的景观塑造性，巧妙地运用“点、线、面”的原理，使各景点融洽地结合到一起。“点”，各个平台及处于重要位置的节点；“线”，曲折蜿蜒的园路；“面”，大面积硬质景观步道及硬质铺装。三者各自发挥功能优势，将该组团中的地下人防出入口和半地下车库景观很好地融入其中，形成疏密有序、高低有景的景观形态。一层建筑底层为入户花园，考虑生态式处理手法，让景观内外渗透。组团中央为地下车库的人行通道中空部分，结合车库下的景观，做成一个立体交互的景观环境，人行台阶做景观处理，使人在车库内即可见到一片绿色的岛屿，在台阶的行进中也能领略到景观的空间变化。

节点7：芦笛印月

沿河绿化带位于小区南端，沿双河共长320米，其景观设计采用自然生态的方式结合临水的自然条件，充分体现亲水的休闲功能。中部的滨水广场设置为一个多功能场地，是人们休息、运动、亲水的绝佳场所。曲折的园路贯穿着沿河每个景观节点，穿过观景亭，漫步于樱花间，一切融于自然中。

节点8：商业街景观

商业街处于社区外围，与城市道路紧密相连，它不仅是小区居民的购物休闲之地，也是给外来客人的第一印象场所，是该社区对外的一个形象展示。设计采取简洁大方的设计思路，商业街沿公路一侧设置绿化带行道树隔离，以降低噪音灰尘，增加视觉效果。绿化带里根据需求设置适量停车位，便于人们出行购物。商业街北面转角处进行了重点设计，采用特殊铺装及趣味雕塑小品点缀，再配以较为夺目的绿化树种，从整体上提升了商业街的品位，也让社区形象添光增辉。

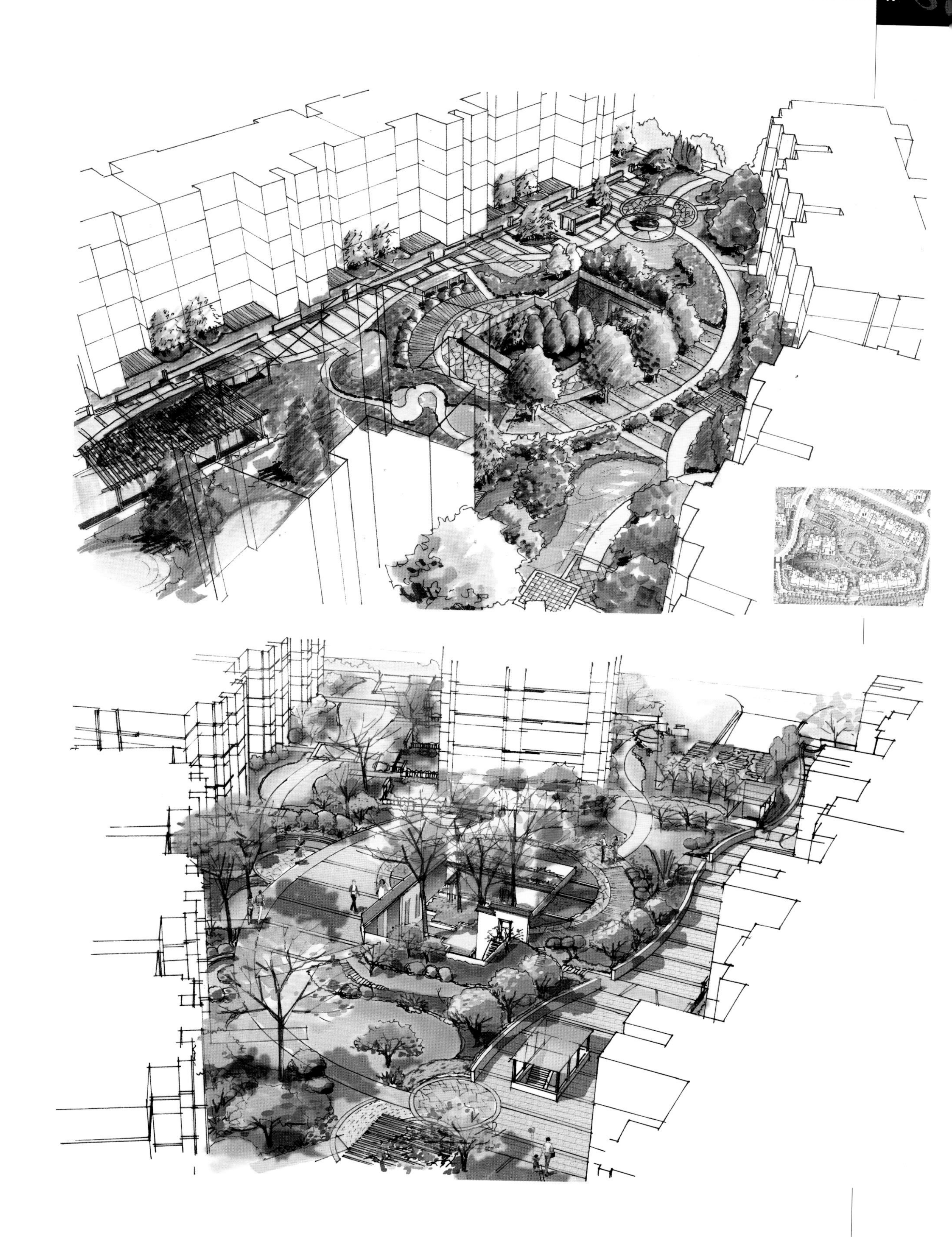

C

1、树阵
2、冰裂纹花岗石
3、景墙
4、木地板
5、竹子
6、花坛
7、特色铺装
8、条石座凳
01
02
03
04
05
06
07
08

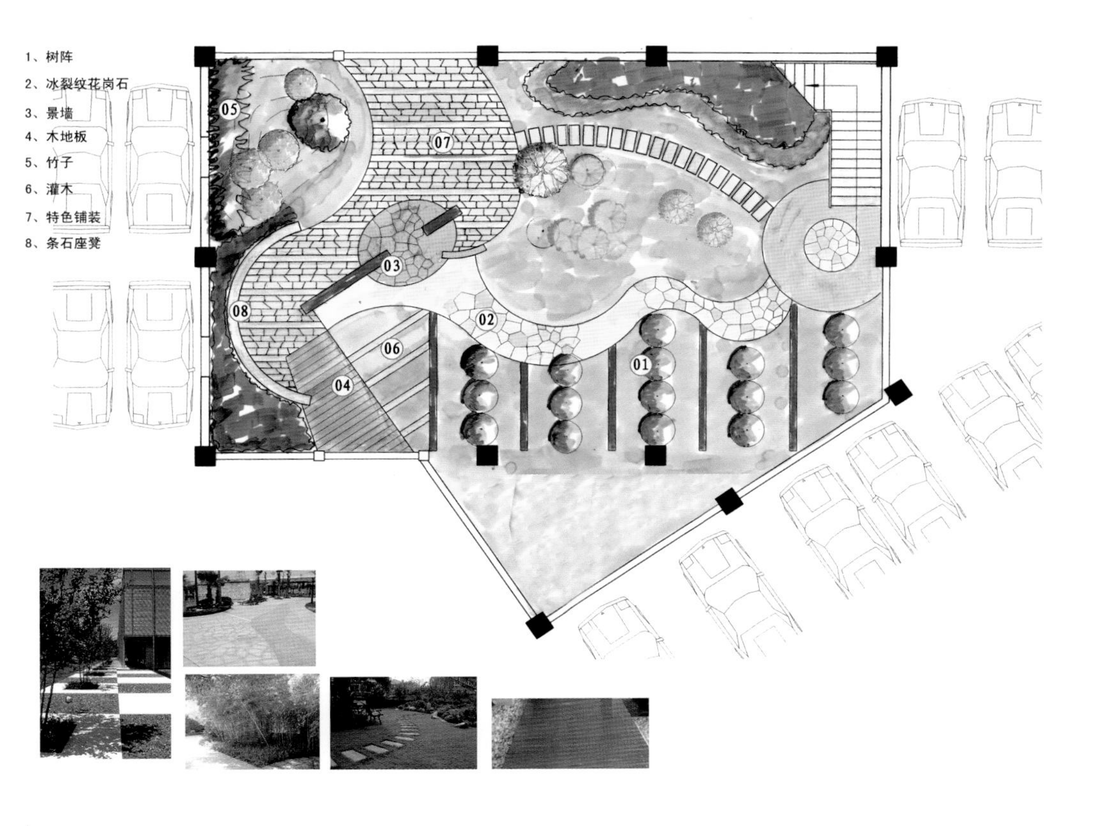
1、树阵
2、冰裂纹花岗石
3、景墙
4、木地板
5、竹子
6、灌木
7、特色铺装
8、条石座凳
01
02
03
04
05
06
07
08

J

（三）造景手法

远望群山，近赏绿地。

1.整合式的景观设计手法

并非只有绿化才是景观，实际上景观包括整个住区内那些带给人美感和视觉享受的元素。小区内设计有很多具有主题文化的景观，比如很多带有故事性的景墙和住区雕塑，这些景观除了审美情趣，还有对人，特别是对儿童的教育功能。又如建筑本身漂亮的外观和色彩也是整体景观的组成部分，包括半地下车库设计出来的景观效果。总之，在景观设计中采用了整合景观的做法，突出了景观与人的互动关系和人在景观中的整体感受，并且通过视线走廊，利用借景手法，整合外部景观，使惠山森林公园的景色成为园区景观的一部分。

2.流线形与曲线形的艺术设计方式

流线形主要体现在简洁与现代的时尚感，而曲线形则体现了一种舒缓的休闲气息。流线形强调速度，曲线形强调悠闲，两者的并存为一个具有活力的社区注入新的诠释。直与曲的艺术手法

相互弥补了单方面的不足，只是在不同的空间以其中之一作为主题考虑。中央景观带主要以流线形为主，强调公共空间的融合与氛围。而组团景观则以曲线形为主，强调一种家的回归感，宁静和平和。

3.立体绿化风格

立体绿化是小区景观设计的另一大特点。在这里，景观不再是简单的一排树木或者一片草坪。乔木、灌木、花卉、草坪的配合使绿化更富有层次变化，不同台面的绿化设计，使绿化的分布呈现多种标高，“身生在城市，犹如在山林”。

四、绿地种植规划

小区种植景观由道路植被、中心绿轴植被、宅间植被以及河道植被组成。

（一）道路植被

道路植物强调遮阳效果及季节变化。社区主干道两侧树木为常绿乔木,遮阳效果良好,形成林荫道的空间气氛,而宅前路两侧树木可以采用落叶、常绿混种,以满足夏日遮阳而冬季日照的需求,同时也体现季节的变化。社区主干道花卉及灌木可以采用人工修剪方式,色彩素雅一些,而宅前小路两侧则以人工与自然结合方式。

（二）中心绿轴植被

中心绿轴植被强调色彩变化。中心绿轴植被体系以常绿树种为主，树形要求统一、完整，周边适当配以落叶树种，要求有一定的色彩变化。春季看二乔玉兰、樱花等赏花性的植物；夏季看紫薇、合欢；秋季的无患子、银杏树叶变黄、变红等色叶树种。主要是突出季节性和色彩的变化。花卉和灌木则强调完全自然形式，但还应考虑花形及色彩的搭配。

（三）宅间植被

宅间植被强调层次感和可识别性。要求常绿和落叶树种等量配种，以满足夏季遮阳和冬季采光的需求，同时要求树种有花及香味，以提供良好的视觉和嗅觉空间。花卉和灌木以自然开放为主，局部搭配以人工修剪形式的植被，要求有一定花香及四季花期有所变化。对要指引宅后的空间，并不需要过多景观设计，适当布置一些汀步即可。

（四）河道植被

河道植被强调生态性和人的参与性。河岸绿地采用长势较快和本地经济型树种，即可以以成片来种植，形成银杏林、枫香林、水杉林等仿生态的树林。

（五）外缘防护林

外援防护林强调隔尘隔噪。园区西南侧靠近盛岸路，以高大乔木和灌木丛组成复层式的绿化隔离林带，树种组合的常绿落叶混交林，即江南亚热带典型群落结构形成，高度在 5 ～ 25 米左右。

五、其他

（一）地形组织

根据现状地形和地貌，在设计中尽量做到小区内部景观建设的土方平衡。主要模拟江南典型的低矮山丘、林地、疏林、草地、水际等自然地貌，以微地形起伏为主，小面积营造水景、山景，土方尽量就地平衡，减少外来土方量和小区内部较长距离的运输。地形的改造要有利于绿地排水、园路排水或景观水系排水、地形改造应丰富景观层次，使各类植物在层次上有变化、有景深，有阴面和阳面，有抑扬顿挫之感，进而有利于提高住宅景观品位。

（二）流线系统

小区的流线系统规划根据社区建筑布局特点和景观设计主题，并体现与外围道路的“便捷性”均匀连接各单元的“场好性”，适应小区人居尺度和避免用地浪费的“经济性”，兼顾日常行人及消防应急的“机动性”。

区内道路由景观大道9米、外环车行道7米、内环漫步大道4.5米，以及园路结合消防车道1.8～4米组成。

除主环路外，多数道路均设计成自由曲线形态，部分消防车道可结合园路以植草砖来铺设，令人体验步移景异的愉快和轻松；弯曲的车道自然缓减车速，避免使用减速槛对人造成的不适和车的损害，以自然的方式提高行人和行车的安全感。

思考练习题

1．居住环境景观构成要素包括哪些？

2．小区景观设计的方法程序是什么？每个阶段要注意什么？

第四章 Chapter 4

案例赏析

CASE ANALYSIS

第四章 案例赏析

一、马里格林城市别墅，格拉茨，奥地利

在奥地利的文化名城格拉茨的周边地区，随着时代的变迁，生活方式的改变，几代同堂的传统大家庭急速解体，大多数拥有百年历史的大城市别墅被改造成为含有多户居住的集合住宅。此方案的用地是一块缓斜坡地，4栋城市别墅被改造成含有多户的集合住宅的形式，既具备了传统的城市别墅中住户空间的独立性及相邻领域的地位，也享有作为共同居住体在空间利用和社交活动上的优势。不仅满足了人们新的生活方式的居住空间，同时也营造出这个小区生动活泼的气氛和令人难忘的建筑形象。

该住宅群共14户，住户大小不一，面积在55～140平方米之间，具有多样化的结构和采光设计。每户都拥有私人花园和宽敞的屋顶晒台，用地的周边用矮墙相围。住宅栋的中间为一个中心广场，不仅使每个住户入户通路顺畅，而且与住宅旁边的私人花园和住户建立起紧密的关系。两层高的紫藤蔓架设在广场的上方，它与成排的树木和广阔的绿地一起将住宅区置于大自然的怀抱中。

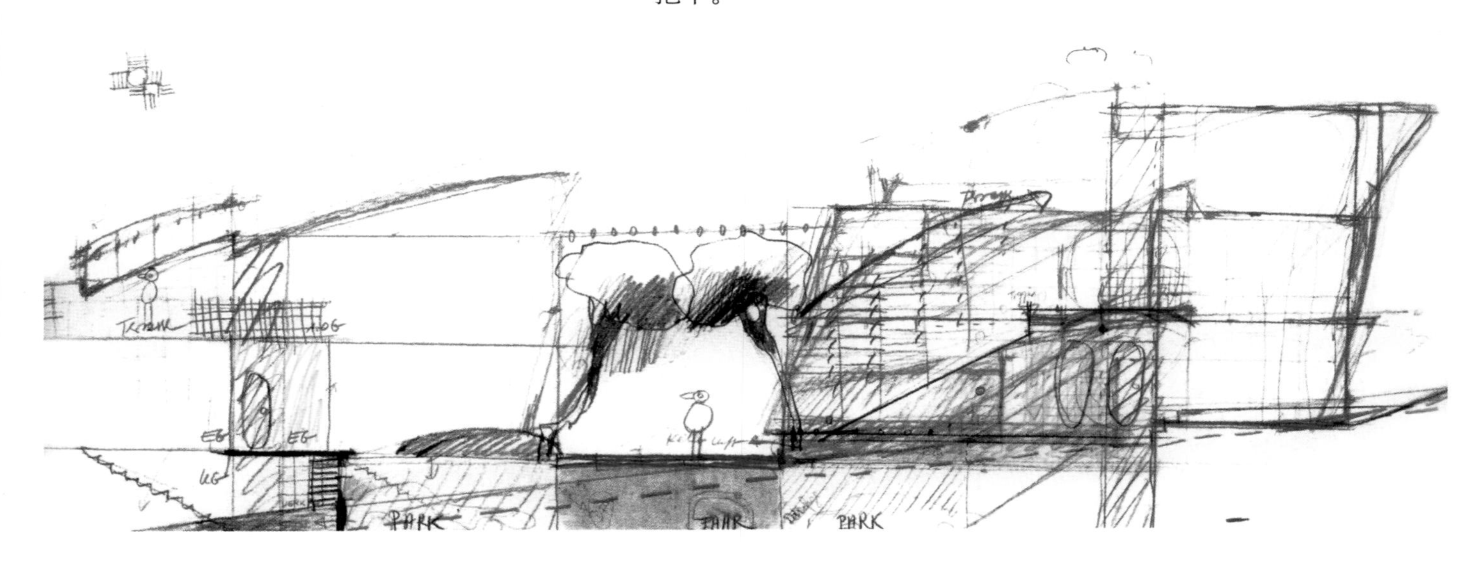

13

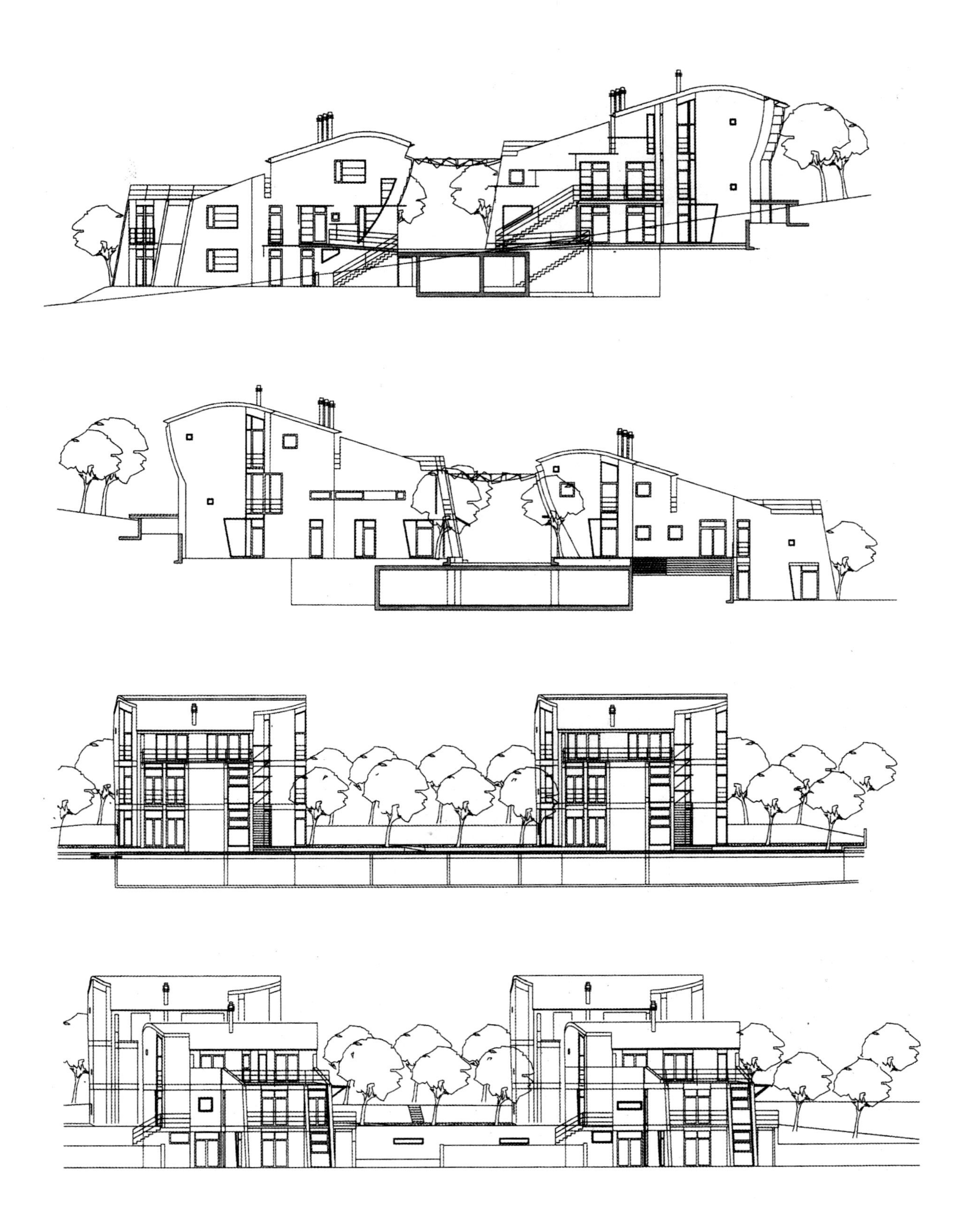

二、沙龙住宅街坊，马尔默，瑞典

该项目旨在较小的尺度里创造生活和工作的综合空间，并为不同的业主提供多种生活类型，住户根据个人喜好可以改造平面。住宅面向码头和大海，观景视线良好，露天内院阳光充足，产生天堂般的感觉。建筑朝向码头并有一个天井采光的楼梯间，每个房间都能通向阳台，朝向大海和夕阳。

花园公寓是庭院内部的联排住宅，设计为3栋坡顶的住宅，并通过独立的入口直接从花园穿过私人庭院来到屋内。屋顶是绿色的，覆盖着绿色植物，内院由砖墙围合，花园里有一片下沉的草地，周围是爬满藤蔓植物的宽宽廊架和一条潺潺小溪。整个设计旨在通过坚固而耐久的材料形成一个具有内聚形空间的花园。

三、探戈–魔法盒，马尔默，瑞典

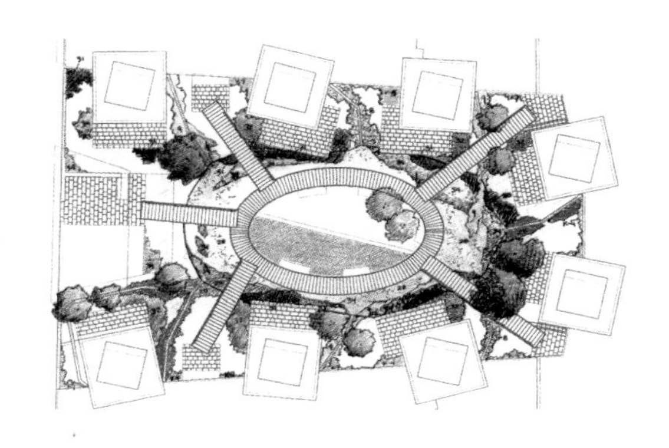

该项目为瑞典老城区Bo01住宅展览会合作设计，整个住宅单元数量27户，总面积约为3400平方米。2002年春，瑞典的《建筑业》杂志评选该项目为“2001年度最佳住宅项目”。

“魔法盒”的创意来源于Bo01的总体规划，以欧洲古城为原形，借周边高大的建筑围绕，形成较小尺度的更有味道的内庭空间环境。色彩主题则来源于阿根廷布宜诺斯艾利斯的La Boca街区明艳的城市色彩，同时也呼应了瑞典南部悠久的传统。建筑外侧的立面十分严谨肃穆，带有醒目的凸窗，而面向庭院的一侧则玻璃塔色彩斑斓，趣味十足，玻璃塔看起来好像在建筑立面周围跳台上跳探戈，增添了动态效果。

设计借外部立面混凝土的厚重简练，体现内部灵活复杂的空间，庭院的趣味与玻璃塔的生动、外部的朴素效果形成了鲜明的对比。绿化庭院的主体是一个带有象征意义的小岛，植物选择多样性使庭院在不同的季节都能呈现美景，在庭院中可以收集雨水重复利用。设计采用了优美而纯正的木头、玻璃和混凝土等材料塑造出很多精彩的细节，外表沉静内部活跃的创意形成了这个住区的个性特征。

四、慧谷根园，中国北京

慧谷根园在社区整体空间布局上体现出中国传统建筑文化的精髓，由200多户城市独院、2条小街、7条胡同和8座风景桥共同组成，通过空间的转换和过渡形成了独特的居住景观。园区整体布局沿袭了老北京经纬分明、井然有序的规划形式。每两排独院住宅之间形成一条东西向的胡同，中间一条尺度最宽的称为“街”，以原生柳树林带为界，分为北平东街和北平西街，两街与其他7条胡同构成了主要的人行系统，以新的形式唤起了人们内心对胡同文化的怀念。通过每一条具有独立个性的胡同，使得院落空间转折有致，造成深邃的视觉效果，悄悄地诠释着北京特有的居住文化。

景观设计以写意手法描绘了当代北京的江南水乡宁静祥和的居住环境，以有机的组团绿地渗透在整个园区。通过起伏的绿地参差和曲线的绿地平面、流水、门廊、风景桥等各种语言加强了景观的文化特征，构筑了“车行林荫道、人走风景桥”的园林景观。

五、万科第五园，中国深圳

万科第五园总占地面积25万平方米，总建筑面积25万平方米，包括庭院别墅、叠院HOUSE，建筑与景观风格形成与传统中式建筑形态近似而内在神似的良好效果，营造的是适合中国人居住的传统居住环境，又符合了现代人的生活习惯。

在其身上，我们可以看到徽派建筑元素和晋派建筑元素的影子：传统意义上的马墙、挑檐、小窗被富有文化色彩且与现代生活不背离的建筑设计手法取代。个性的白墙黛瓦、变通的小窗、细纹的墙脚、青砖的步行道、密集的青竹林、天井绿化、不可窥视镂空墙、通而不透的屏风、方圆结合的局部造型、青石铺就的小巷、半开放式的庭院、墙顶采光天窗及多孔墙、承载文化的牌坊以及可增加通透性的漏窗、朴实的三雕（石雕、砖雕、木雕）等都体现出现代设计的韵味以及中国传统文化的风骨。特别是小区广场阶梯造型处一排5个古代石雕狮子柱更是传统文化的原汁原味，而密集的阶梯则充满了韵律的动感。

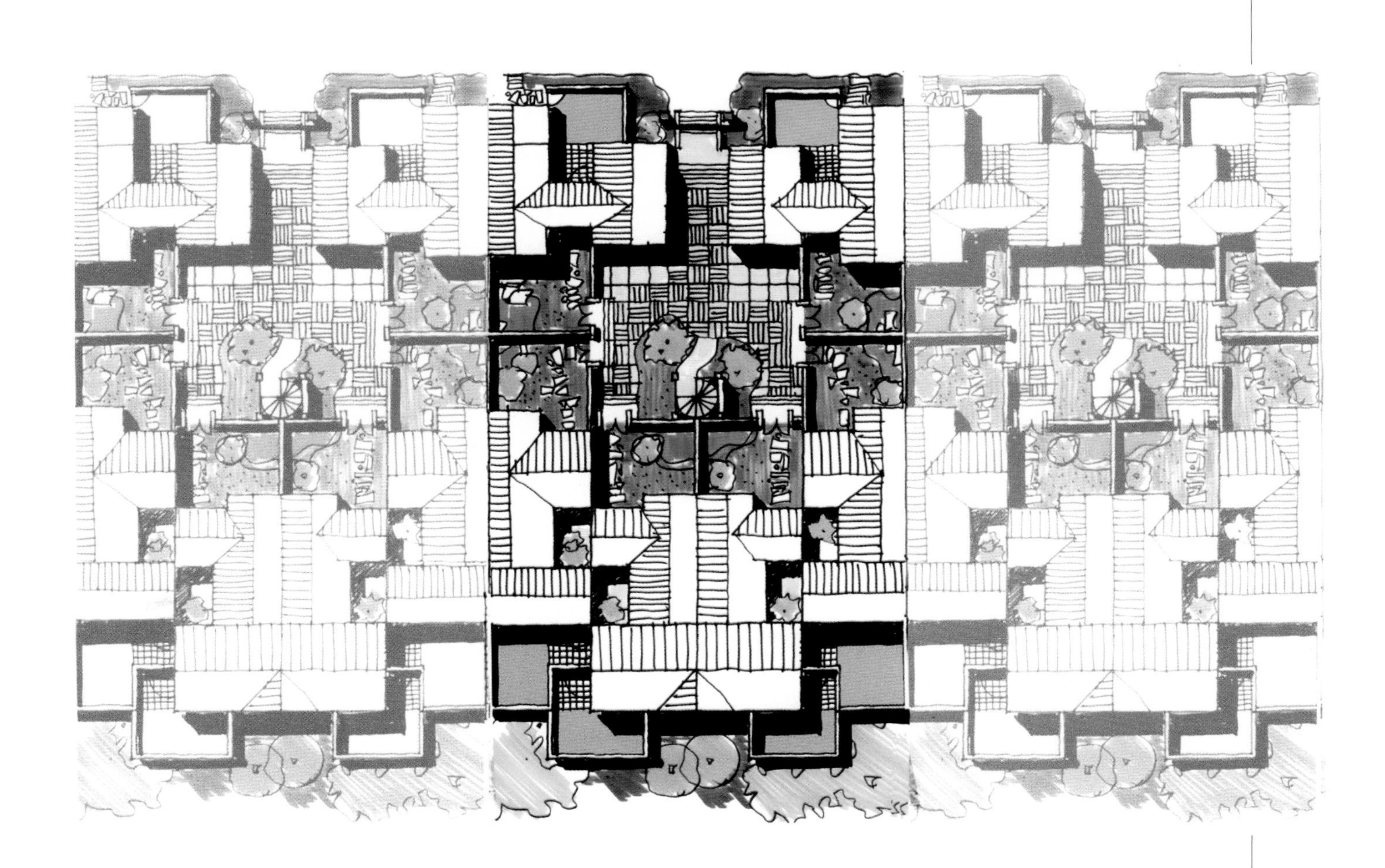

参考书目

1. 《西方现代景观设计的理论与实践》，王向荣、林菁著，建筑工业出版社，2002
2. 《中日古典园林比较》，刘庭风著，天津大学出版社，2004
3. 《居住小区景观设计》，胡佳著，机械工业出版社，2007
4. 《居住区环境景观设计导则》，建设部住宅产业促进中心，建筑工业出版社，2006
5. 《时代楼盘》期刊，广东经济出版社，（2008年—2009年）

后记

本书主要针对高职院校环境艺术设计专业的教学而编写。教材从最初设立构想、构建框架、收集资料，到最后的书稿整理交付，历时约为半年。在书中，笔者对课程的教学思路重新进行了梳理，更加贴近高职院校的环境艺术设计的教学大纲，同时，笔者对小区景观设计的理解和感受也通过诸多精心选择的设计案例而更全面地呈现出来。本书的图片来源除大部分自拍外，个别引自相关书籍，案例部分的图片均取自于实际工程文本，这些一手资料包含着当下性和鲜活感，具有良好的参考价值和借鉴意义。

至此，我们要感谢上海JDM景观设计有限公司和杭州高境景观规划设计有限公司，他们无私地为本书提供了许多优秀设计工程案例图片；感谢出版社的编辑程勤老师付出了大量的时间和精力，以确保教材编写的顺利完成；还要感谢学院领导赵燕老师和夏克梁老师，他们在百忙之中始终关注本书的编写工作。

在此还要感谢章楷、陈斌波、沈灵、江浩、严江平、周红芬、张志欢、郦晓英、沈翱、林杰、金荣贵、郭傲的同学对本书的编撰工作大力支持。

图书在版编目（CIP）数据

景观设计. 居住小区／胡佳，邱海平著. —杭州：浙江人民美术出版社，2010. 1

新概念中国高等职业技术学院艺术设计规范教材

ISBN 978-7-5340-2665-2

Ⅰ. 景… Ⅱ. ①胡…②邱… Ⅲ. 居住区—景观—园林设计—高等学校：技术学校—教材 Ⅳ. TU986. 2

中国版本图书馆CIP数据核字（2010）第004921号

作　者　胡　佳　邱海平

责任编辑　程　勤

装帧设计　程　勤

责任印制　陈柏荣

新概念中国高等职业技术学院艺术设计规范教材

景观设计·居住小区

出 品 人　奚天鹰

出版发行　浙江人民美术出版社

社　址　杭州市体育场路347号

网　址　http://mss.zjcb.com

电　话　（0571）85170300　邮编　310006

经　销　全国各地新华书店

制　版　杭州百通制版有限公司

印　刷　杭州下城教育印刷有限公司

开　本　889×1194　1/16

印　张　7

版　次　2010年1月第1版　2010年1月第1次印刷

书　号　ISBN　978-7-5340-2665-2

定　价　35.00元

（如发现印装质量问题，请与本社发行部联系调换）